机械制图（非机械类）

（第3版）

主编 严辉容 胡小青

参编 （排名不分先后）

李兴慧 杨 莉 覃才友 蔡云松

阴俊霞 涂 馨

北京理工大学出版社

BEIJING INSTITUTE OF TECHNOLOGY PRESS

内 容 简 介

本书共分为"课程认识""制图国家标准及绘图基本技能""正投影基本知识""立体表面交线""组合体""机件表达方法及应用""标准件、常用件规定画法及应用""典型零件图画法、标注及识读""装配图的识读与绘制"等9个教学单元。

除了课程认识部分外，每个单元内容均按照企业对机械制图的岗位能力要求，分析本单元承担的任务，选择合适的载体，并基于机械零、部件，机器的加工、装配流程，将实际生产案例有机地融入教材中，做到课堂教学与生产实际的有机结合。

本书可以作为高等职业教育院校非机械类或近机械类专业教学用书或自学用书，也可作为企业技术人员的参考资料。

版权专有　侵权必究

图书在版编目（CIP）数据

机械制图：非机械类／严辉容，胡小青主编. --3版. -- 北京：北京理工大学出版社，2019.8（2024.12重印）
ISBN 978-7-5682-7480-7

Ⅰ. ①机… Ⅱ. ①严… ②胡… Ⅲ. ①机械制图-高等学校-教材 Ⅳ. ①TH126

中国版本图书馆 CIP 数据核字（2019）第 188603 号

责任编辑／高　芳　　文案编辑／高　芳
责任校对／周瑞红　　责任印制／李志强

出版发行／北京理工大学出版社有限责任公司
社　　址／北京市丰台区四合庄路6号
邮　　编／100070
电　　话／（010）68914026（教材售后服务热线）
　　　　　（010）68944437（课件资源服务热线）
网　　址／http://www.bitpress.com.cn

版 印 次／2024年12月第3版第7次印刷
印　　刷／河北盛世彩捷印刷有限公司
开　　本／787 mm×1092 mm　1/16
印　　张／12.5
字　　数／294千字
定　　价／39.00元

图书出现印装质量问题，请拨打售后服务热线，负责调换

前　言

为贯彻落实党的二十大精神，深入实施科教兴国战略、人才强国战略，满足当前经济社会对装备制造类高素质技能型人才的需要，聚焦装备制造产业的最新发展，在全国机械工业联合会的指导下，由全国机械教育机械制造专业教学指导委员会牵头，联合企业，组建了课程开发团队。本教材由严辉容老师和胡小青老师担任主编，严辉容老师和胡小青老师担任了全书内容的统稿工作，东方汽轮机厂、德阳豪特科技有限公司、中国第二重型机器厂的人员对本教材提出了建设性的意见。本教材中所有动画资源由杨莉老师制作。

为了使"机械制图"课程符合高技能人才培养目标和专业相关技术领域职业岗位的任职要求，教材编写组按照"行业引领、企业主导、学校参与"的思路，经过认真分析汽车检测与维修、数控维修技术、电气自动化等一系列专业的人才培养方案，按照这些专业培养方案的《人才培养质量要求》《岗位职业标准》等要求，明确课程内容，并按照企业相应岗位的工作流程对课程内容进行了组织，按照任务驱动、项目导向，以职业能力培养为重点，将真实生产过程和产品融入教学全过程。

本书由学校与行业、企业合作编写，在《机械制图》（非机械类）活页教材的基础上，经过相关的专业教学指导委员会的多次论证，通过3年的不断完善和修改，最终编写而成。

本书共分为"课程认识""制图国家标准及绘图基本技能""正投影基本知识""立体表面交线""组合体""机件表达方法及应用""标准件、常用件规定画法及应用""典型零件图画法、标注及识读""装配图的识读与绘制"等9个教学单元。第1章"课程认识"、第5章"组合体"由严辉容编写；第2章"制图国家标准及绘图基本技能"由杨莉编写；第3章"正投影基本知识"和第4章"立体表面交线"由李兴慧编写；第6章"机件表达方法及应用"由覃才友、阴俊霞共同编写；覃才友负责第6.2节的编写，阴俊霞负责本章其余节的编写；第7章"标准件、常用件规定画法及应用"由涂馨编写；第8章"典型零件图画法、标注及识读"由胡小青编写；第9章"装配图的识读与绘制"由蔡云松编写；本书附录由覃才友根据国家相关技术标准摘取。

在编写过程中，参阅了四川工程职业技术学院陈晓晴、刘蔺勋、雷丽虹等老师的一些教学资料，借鉴了许多宝贵的经验，在此表示感谢！

该书涉及内容广泛，由于编者水平有限，难免出现错误和处理不妥之处，敬请读者批评指正。

编　者

目 录

第 1 章 课程认识 1
1.1 课程的性质和作用 3
1.2 课程的主要内容及其与前后课程的衔接 3
1.3 学习方法 4
本章小结 4

第 2 章 制图国家标准及绘图基本技能 6
2.1 制图国家标准实训 7
2.2 绘图基本技能实训 14
知识拓展 18
1. 椭圆的画法 18
2. 平面图形的画法 19
本章小结 21

第 3 章 正投影基本知识 22
3.1 投影法及点线面的应用 22
3.2 几何体的三视图画法 33
3.3 形体三视图的画法 40
知识拓展 42
1. 属于平面的直线和点 42
2. 轴测图 43
本章小结 48

第 4 章 立体表面交线 49
4.1 联轴器的画法 49
4.2 相贯线 56
知识拓展 60
1. 圆锥的截交线 60
2. 利用辅助平面法求作相贯线 60
本章小结 61

第 5 章 组合体 62
5.1 组合体的形体分析 62
5.2 组合体三视图的画法及标注 65
5.3 识读组合体视图 74

知识拓展 81
　线面分析法读组合体视图 81
　本章小结 83

第6章 机件表达方法及应用 84
　6.1 典型机件的视图画法与标注 84
　6.2 典型机件的剖视图画法与标注 87
　6.3 典型机件的断面图画法与标注 96
　6.4 典型机件的其他表达方法 99
　知识拓展 103
　第三角投影简介 103
　本章小结 106

第7章 标准件、常用件规定画法及应用 107
　7.1 螺纹及螺纹紧固件 108
　7.2 齿轮的规定画法 119
　7.3 键、轴承规定画法、标记及应用 123
　知识拓展 127
　销连接 127
　本章小结 128

第8章 典型零件图画法、标注及识读 130
　8.1 零件的视图选择、技术要求 131
　8.2 典型零件图的识读 151
　8.3 典型零件工作图的绘制 156
　知识拓展 162
　零件上常见孔的尺寸注法 162
　本章小结 164

第9章 装配图的识读与绘制 165
　9.1 装配图的内容和表示方法 165
　9.2 装配图的尺寸、技术要求、序号和明细栏 169
　9.3 由零件图拼画装配图 170
　9.4 看装配图和拆画零件图 174
　知识拓展 177
　常见装配结构 177
　本章小结 179

附录 180

参考文献 193

第 1 章

课程认识

> **本章知识点**

1. 了解本课程的性质和作用;
2. 了解本课程的主要内容及其与前后课程的衔接;
3. 了解本课程的学习方法。

> **先导案例**

机械图样（如图 1-1、图 1-2 所示）与普通的美术图案（如图 1-3 所示）在内容的表达、绘制方法和要求等方面有什么不同呢？

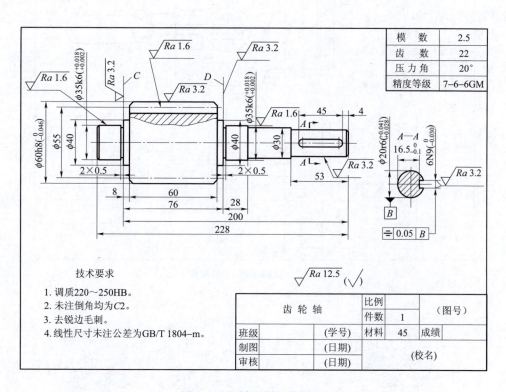

图 1-1　机械图样（零件图）

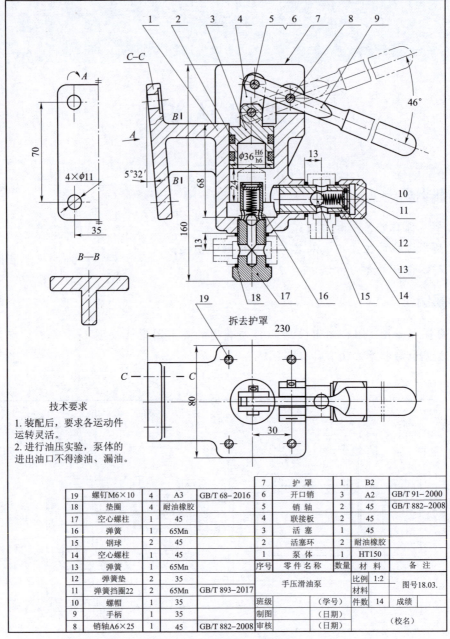

图 1-2 机械图样（装配图）

图 1-3 美术素描画

1.1 课程的性质和作用

1.1.1 本课程的研究对象

"机械制图"课程是研究机械图样的绘制与识读理论和方法的一门学科,本课程的研究对象是机械图样。

机械图样——根据正投影原理、按照制图国家标准规定绘制,准确表达机件形状、尺寸及技术要求的图样(如零件图、装配图等)。

机械图样是"工程语言":表达设计思想和意图,是生产安排、编制工艺、加工制造、完工检验的依据,是进行技术交流的文件。

1.1.2 本课程的性质、作用

本课程是一门既有理论性又有较强实践性的课程,是探讨绘制机械图样的理论、方法和技术的一门技术基础课。本课程具有以下特点:

(1)练习多,每课必练。每堂课后,都有一定数量的练习题,以巩固本堂课的知识。虽然非机械类各专业的主要任务是机械识图,但没有一定的绘图基础,是不可能看懂机械图样的。

(2)理论与实践紧密结合。学习本课程,首先必须具备一定的理论知识,如正投影理论、三视图的形成,能够从三维的空间形体转化到平面的三视图,不仅如此,非机械类专业更应学会从二维的平面图形想象出空间三维的立体形状,即"由物绘图"和"由图想物",即绘制与识读图样的能力。

(3)实践性很强的专业基础课。所有学习工程类相关专业的学生,均应学习机械制图,掌握绘图和读图的方法。学习本课程,应紧密结合生产实际,读懂生产用图,按图加工,所以,本书中所用图样尽量采用生产企业所用的零件图、装配图,以达到理论与实践相结合的效果。

(4)后续专业课程的启蒙课。本课程与后续专业课密切相关,后续的《汽车发动机故障诊断》《数控机床电气系统检修》《设备安装与维修》等课程的学习都离不开"机械制图"的相关知识。

1.2 课程的主要内容及其与前后课程的衔接

1.2.1 本课程的主要内容

本课程的内容主要由三部分组成:
(1)画法几何—正投影原理:这是绘制和识读各种机械图样的理论基础;
(2)机械制图—零件图、装配图:培养绘图和读图的能力;
(3)绘图技能—手工绘图(尺规绘图与徒手绘图):培养绘图的基本技能。

1.2.2 本课程与前后课程的衔接

"机械制图"是工科专业学生在大学一年级的一门必修专业基础课程。要学好本课程，需要具备一定的基础知识，如高中的平面几何、立体几何、物理力学等，还需要一定的生活常识，但在非机械类学生中，有不少同学是文科生，没有相关的知识，因此，要学好本课程，必须按照本书的教学顺序，从点、线、面的投影学起，牢记三视图的关系，尤其是"长对正、高平齐、宽相等"的三等关系，在绘图、读图的过程中严格遵守国家标准的各项规定。只有学好了"机械制图"，掌握了绘图和读图的基本技能，后续的专业课，如机械设计基础、机械工程材料、CAD/CAM、AutoCAD 等课程，才有学好的可能。

1.3 学习方法

1.3.1 本课程的任务与要求

（1）掌握的基本理论：能够应用正投影原理正确表达出空间物体的平面图形；

（2）掌握的基本知识：贯彻《技术制图与机械制图》国家标准及其他有关规定，具有查阅有关标准及手册的能力；

（3）培养的基本技能：读图（识图）、绘图，具体讲解绘制和看懂比较简单的零件图和装配图，掌握正确地使用绘图仪器和徒手画图的方法；

（4）培养学生耐心细致的工作作风和严肃认真的工作态度。

1.3.2 本课程的学习方法

学好机械制图要做到五多，即：
（1）多看——看实物、看图纸；
（2）多练——多画图、多做练习；
（3）多想——多思考问题、多进行平面图形和空间形体之间的转换；
（4）多问——遇到不懂的问题多提问，不将问题遗留到下一堂课；
（5）多记——多记忆制图国家标准的相关内容及有关规定画法与标注。

先导案例解决

机械图样，不管是零件图，还是装配图，都是物体向投影面进行正投影所得到的图形，这些图形的绘制必须符合国家标准的规定，如线型、字体、图等各项内容，它不仅表达了物体的形状，还表达了物体的尺寸大小、各种加工和检验的技术要求等，是一种能用于实际生产中的图样。

本章小结

了解"机械制图"课程研究对象、性质、作用、主要内容及学习方法，为后续的学习奠定基础。

 思考题

想一想在我们的日常生活中有哪些机械图样？学好"机械制图"课程的方法应注意的五个方面是什么？

第 2 章

制图国家标准及绘图基本技能

本章知识点

1. 了解图纸幅面及格式和尺寸、标题栏格式和内容、常用的比例和字体等制图国家标准；
2. 掌握绘图常用图线种类、应用和画法；
3. 掌握常用尺寸的标注方法；
4. 正确运用绘图工具和仪器绘制图形，了解线段和正多边形的作图方法；
5. 了解各种形式圆弧的连接方法，并准确绘制连接圆弧；
6. 了解平面图形的绘制方法和步骤。

先导案例

图样是工程技术人员交流技术思想的重要工具，被誉为"工程界语言"。为了使这种"语言"具有良好的交流性，国家质量技术监督局制定了一系列制图国家标准，对"语言"做出了统一的规定。下面我们来看看典型零件——轴类零件的零件图（图2-1）组成，对我们要学习机械制图的基本知识有一个概括的了解。

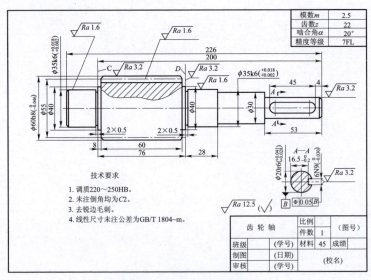

图 2-1 齿轮轴的零件图

为了准确绘制和识读机械图样，我们必须掌握有关国家标准《机械制图》和《技术制图》中关于绘图标准和绘图基本技能的相关知识。

2.1 制图国家标准实训

2.1.1 图纸的幅面及格式（GB/T 14689—2008）

2.1.1.1 图纸幅面及图框格式

图纸幅面指的是绘图时所采用的图纸大小。图框是指在图纸上规定制图范围的界限。图纸幅面及图框尺寸应符合表 2-1 的规定，必要时，允许加长幅面，但加长后幅面的尺寸必须是由基本幅面的短边成整数倍增加而得到，加长后幅面代号表示为：基本幅面代号×倍数，表示按 A3 图幅短边 297 增长 2 倍，即代号为 A3×2。图纸有如图 2-2、图 2-3 两种放置方式：横式和立式。图纸以短边为垂直边称为横式，如图 2-2 所示；以短边作水平边称为立式，如图 2-3 所示。图纸可留有装订边如图 2-2（a）、图 2-3（a）所示；也可不留装订边，如图 2-2（b）、图 2-3（b）所示。

表 2-1 图纸幅面尺寸

幅面代号		A0	A1	A2	A3	A4
尺寸 $B×L$		841×1189	594×841	420×594	297×420	210×297
边框	a	25				
	c	10			5	
	e	20		10		

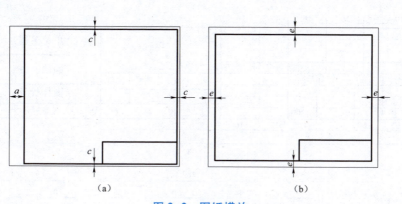

(a)   (b)

图 2-2 图纸横放

(a) 留装订边；(b) 不留装订边

2.1.1.2 标题栏

每张图纸都有标题栏。图纸标题栏位于图纸右下角，用来填写图纸有关内容，如设计人签名、日期、图名和图样代号等。标题栏的布置参见图 2-2、图 2-3。除图纸放置有规定外，国家标准对图纸标题栏的尺寸、格式和内容都有规定，如图 2-5 所示，为简化绘图过程，作业中的标题栏可采用图 2-4 所示的简易标题栏格式。标题栏的长边置于水平方向并与图纸的长边平行时，则构成 X 型图纸，如图 2-2 所示；若标题栏的长边与图纸的长边垂直时，则构成 Y 型图纸，如图 2-3 所示。标题栏的方向一般为看图方向。

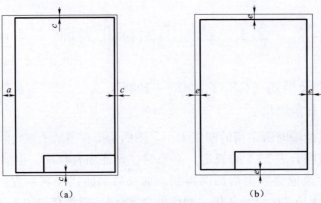

图 2-3 图纸竖放

(a) 留装订边；(b) 不留装订边

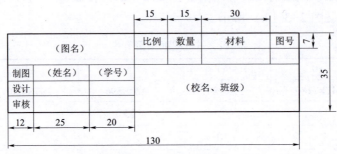

图 2-4 简易标题栏

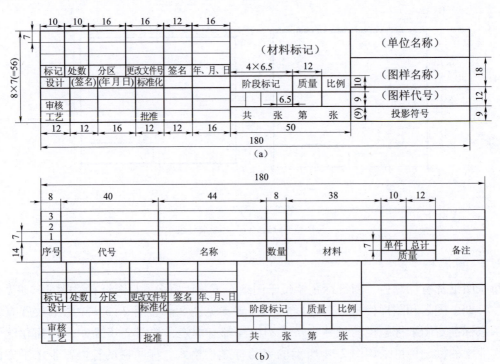

图 2-5 标准标题栏和明细栏

(a) 国家标准标题栏；(b) 国家标准标题栏和明细栏

2.1.2 比例（GB/T 14690—2008）

比例是指图中图形与其实物相应要素的线性尺寸之比，如 1∶1、1∶2、2∶1 等。1∶1 为原值比例，即图形反映实形；1∶2 为缩小比例，图形是实物大小的一半；2∶1 为放大比例，图形是实物大小的二倍。

比例一般应写在标题栏的比例栏内。在绘制图样时，应由表 2-2 规定的系列中选择适当的比例。绘图时应尽量采用原值比例。

表 2-2 绘图比例

	第 1 系列		第 2 系列	
原值比例	1∶1			
缩小比例	1∶2 1∶10 1∶5×10^n	1∶5 1∶2×10^n 1∶10×10^n	1∶1.5×10^n 1∶3×10^n 1∶6×10^n	1∶2.5×10^n 1∶4×10^n
放大比例	2∶1 1×10^n∶1 5×10^n∶1	5∶1 2×10^n∶1	4∶1 4×10^n∶1	2.5∶1 2.5×10^n∶1

2.1.3 字体（GB/T 14691—1993）

图样上除有图形外，还有较多的汉字、字母和数字。为使图样清晰美观，国家标准对图样中的字体做出基本要求：字体工整、笔画清楚、间隔均匀、排列整齐。

图样中的汉字应写成长仿宋体，并采用国家正式公布的简化字。字体的字号表示字体的书写高度（h），字高有八种：1.8、2.5、3.5、5、7、10、14 和 20，单位为 mm。字宽一般为 $h/\sqrt{2}$，如图 2-6 所示，按规定汉字字高不应小于 3.5 mm。

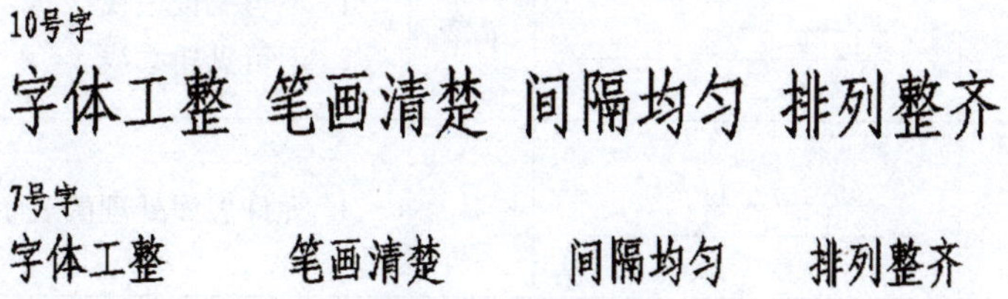

10号字

字体工整 笔画清楚 间隔均匀 排列整齐

7号字

字体工整　　笔画清楚　　间隔均匀　　排列整齐

图 2-6 汉字示例

字母和数字可写成斜体或直体，一般情况用斜体，字头向右倾斜，与水平基准线成 75°。字母与数字分为 A 型和 B 型两种，B 型的笔画宽度比 A 型宽。同一图样上，只允许选用一种型式的字体。用作指数、分数、极限偏差、注脚的数字及字母的字号一般应采用小一号字号。字母和数字示例，如图 2-7 所示。

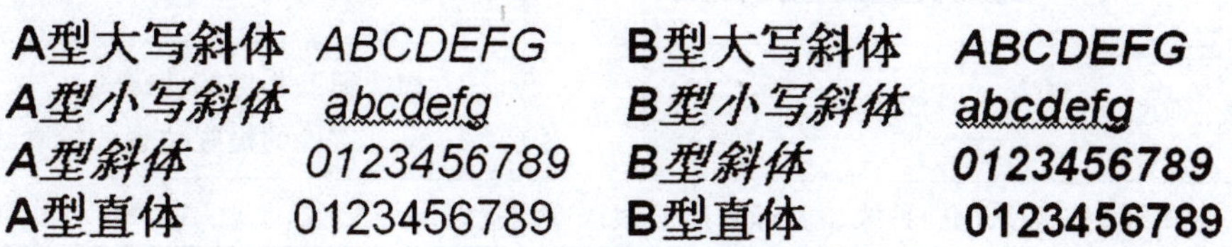

A型大写斜体　ABCDEFG　　B型大写斜体　ABCDEFG
A型小写斜体　abcdefg　　　B型小写斜体　abcdefg
A型斜体　　　0123456789　B型斜体　　　0123456789
A型直体　　　0123456789　B型直体　　　0123456789

图 2-7 字母和数字示例

2.1.4 图线（GB/T 4457.4—2002）

2.1.4.1 常用图线的型式及应用

国家标准规定了15种线型，根据基本线型及变形，机械图样中规定了9种图线，其名称、型式、宽度及其应用实例如表2-3和图2-8所示。

表2-3 图线的线型及应用

图线名称	代码 No.	线　　型	线宽	一　般　应　用
细实线	01.1	———————	$d/2$	1. 过渡线 2. 尺寸线 3. 尺寸界线 4. 指引线和基准线 5. 剖面线 6. 螺纹牙底线
波浪线	01.1	～～～～～	$d/2$	1. 断裂处边界线；视图与剖视图的分界线
双折线	01.1	—⋀—⋀—⋀—	$d/2$	1. 断裂处边界线；视图与剖视图的分界线
粗实线	01.2	▬▬▬▬▬▬	d	1. 可见棱边线 2. 可见轮廓线 3. 相贯线 4. 螺纹牙顶线
细虚线	02.1	- - - - - -	$d/2$	1. 不可见棱边线 2. 不可见轮廓线
粗虚线	02.2	▬ ▬ ▬ ▬	d	1. 允许表面处理的表示线
细点画线	04.1	—·—·—·—	$d/2$	1. 轴线 2. 对称中心线 3. 分度圆（线） 4. 剖切线
粗点画线	04.2	▬·▬·▬·▬	d	1. 限定范围表示线
细双点画线	05.1	—··—··—	$d/2$	1. 相邻辅助零件的轮廓线 2. 可动零件的极限位置的轮廓线

注：在一张图纸上一般采用一种线型，即采用波浪线或双折线。

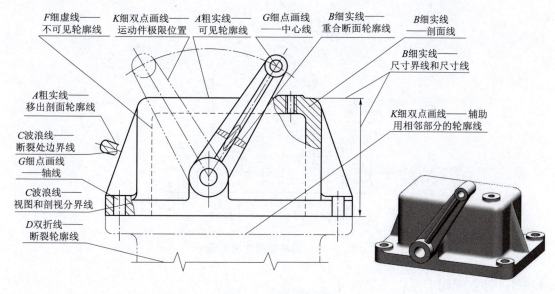

图 2-8 图线应用示例

绘图时应采用国家标准规定的图线型式和画法。

2.1.4.2 图线的宽度

机械图样中的图线分为粗线和细线两种。粗线线宽（d）的推荐系列为：0.13 mm、0.18 mm、0.25 mm、0.35 mm、0.5 mm、0.7 mm、1 mm、1.4 mm、2 mm。实际画图中，粗线一般取 0.5 mm 或 0.7 mm。粗线和细线宽度比例为 2∶1。

绘图时应注意：

（1）相互平行的图线，其间隙不宜小于其中粗实线的宽度，且不宜小于 0.7 mm；细点画线、细虚线或细双点画线的线段长度和间隔宜各自相等，如图 2-9 所示，其中的点应是 1 mm 左右的短画；

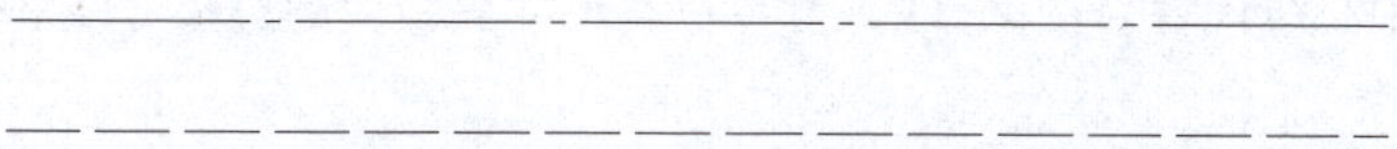

图 2-9 细点画线、细虚线线段长度和间隔

（2）细点画线、细双点画线等的首末两端应是长画，而不是点；

（3）各种线型相交时，都应以画或长画相交，而不是点或间隔；

（4）当细虚线在粗实线的延长线时，在分界处要留间隙；

（5）画圆的中心线时，圆心应是长画交点，细点画线的长度应超出轮廓线 2~5 mm；当绘制的细点画线长度较小时，允许使用细实线代替。图线使用注意事项如图 2-10 所示。

2.1.5 尺寸标注（GB/T 4458.4—2003）

图样中的图形只能反映物体的形状，而物体的实际大小则要由图中的尺寸来确定。尺寸是图样中的重要内容之一，是制造和检验零件的直接依据。标注尺寸时，应严格遵守国家标准有关规定，标注尺寸做到正确、完整、清晰、合理。

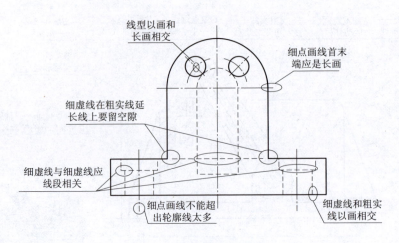

图 2-10 图线使用注意事项

2.1.5.1 基本规则

（1）机件的真实大小应以图样上所标注的尺寸数值为依据，与图形的大小及绘图的准确度无关。

（2）图样中的尺寸，以毫米为单位时，不需标注计量单位的符号或名称，如果要采用其他单位则必须注明相应的计量单位的符号或名称；

（3）零件的每一尺寸一般只标注一次，并标注在反映该结构最清晰的图形上；

（4）图上所标注的尺寸是零件最后的完工尺寸，否则应另加说明。

2.1.5.2 尺寸组成

完整尺寸由尺寸界线、尺寸线和尺寸数字组成，如图 2-11、图 2-12 所示。

（1）尺寸界线　限定所注尺寸的范围，用细实线绘制，也可以由图形的轮廓线（图 2-11 尺寸 100、64 等）、轴线或对称中心线引出（图 2-11 尺寸 80、48），并可由轮廓线、轴线或对称中心线代替（图 2-11 尺寸 45）。尺寸界线应超过尺寸线 2~5 mm。

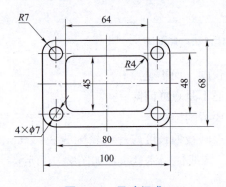

图 2-11 尺寸组成

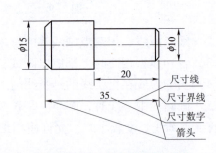

图 2-12 尺寸界线标注示例

（2）尺寸线　表示所注尺寸的度量方向，用细实线绘制，与所标注的线段平行，尺寸线不能被其他图线代替，也不能作为其他图线的延长线，必须单独画出，如图 2-13（a）所示。标注圆或圆弧的尺寸时，尺寸线应过圆心，如图 2-13（b）所示。

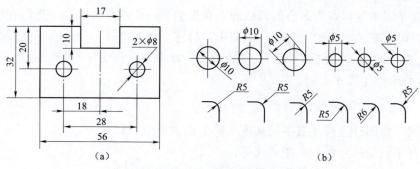

图 2-13 尺寸界线标注示例

尺寸线有终端，通常画箭头，箭头的画法，如图 2-14（a）所示；作图时如果位置不够，也可用45°斜线或圆点代替箭头，如图 2-14（b）（c）所示。

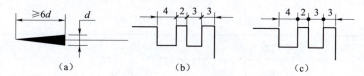

图 2-14 尺寸终端画法
(a) 箭头形状；(b)（c) 小尺寸标注

（3）尺寸数字　表示所注结构大小，标注尺寸数字时应注意尺寸数字的注写位置和方向，水平线性尺寸数字一般写在尺寸线的上方，也允许写在尺寸线的中断处；垂直方向的尺寸数字应写在尺寸线的左边而且方向向左，如图 2-15（a）所示，且尺寸数字不允许被任何图线穿过，若无法避免时应断开图线，如图 2-15（b）所示；标注角度的尺寸界线应沿径向

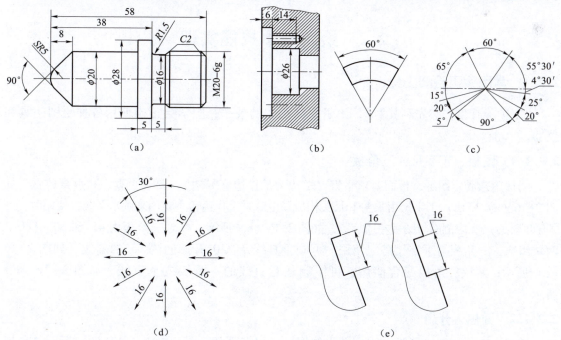

图 2-15 尺寸数字标注示例

引出，尺寸线是以角度顶点为圆心的圆弧线，角度数字一律水平注写，一般写在尺寸线的中断处，必要时可注在尺寸线的上方、外侧或引出标注，如图 2-15（c）所示；线性尺寸数字应尽量避免在 30°范围内标注尺寸，如图 2-15（d）所示；当无法避免时，可按图 2-15（e）所示标注尺寸。

2.1.5.3 尺寸标注时的注意事项：

（1）在同一张图样上尺寸数字的高度、箭头的大小应一致；
（2）相互平行的尺寸线的间距应相等；
（3）尺寸的排列应整齐，做到小尺寸在里、大尺寸在外；
（4）尺寸界线走出超出尺寸线 2~5 mm；
（5）尺寸线与轮廓线、尺寸线之间的距离一般应≥7 mm。

标注尺寸的符号及缩写词如表 2-4 所示。

表 2-4 常见尺寸标注符号

名称	符号和缩写词	名称	符号和缩写词
直径	φ	45°倒角	C
半径	R	深度	↓
球直径	Sφ	沉孔或锪平	⊔
球半径	SR	埋头孔	∨
厚度	t	均布	EQS
正方形	□		

2.2 绘图基本技能实训

2.2.1 常用手工绘图工具

"工欲善其事，必先利其器"，为了提高绘图的效率，应学会正确使用各种绘图工具和仪器。

2.2.1.1 图板、丁字尺、三角板

图板用来固定图纸，板面要求平整，短边为工作边（导边），要求平直，并垂直放置，如图 2-16（a）所示；丁字尺由尺身和尺头构成，上缘是工作边，主要用来画水平线，使用时，必须随时注意尺头内侧面与图板左边靠紧，如图 2-16（b）所示；一副三角板由 45°和 30°（60°）两块组成，三角板与丁字尺搭配使用，可画垂直线及从 0°开始间隔 15°的斜线，如图 2-16（c）所示；两块三角板配合使用，可绘制任意直线的平行线或垂直线，如图 2-16（d）所示。

2.2.1.2 圆规、分规

圆规用于绘制圆或圆弧，固定圆心的钢针应用带阶台一端，如图 2-17（a）所示；分规用于等分或量取线段，如图 2-17（b）、（c）所示。

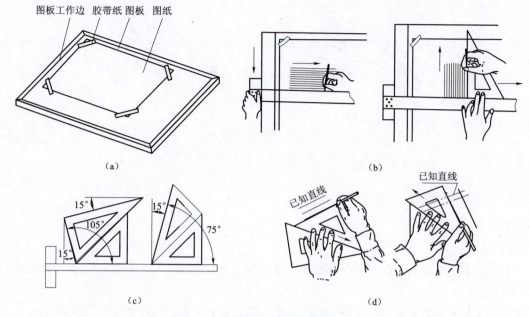

图 2-16 图板、丁字尺和三角板

（a）图板；（b）画水平线和垂直线；（c）画特殊角度直线；（d）画任意位置直线的平行线和垂直线

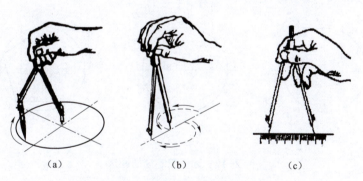

图 2-17 圆规、分规使用示例

（a）圆规画圆；（b）分规等分线段；（c）分规量取尺寸

2.2.1.3 绘图纸

绘图纸要求纸面洁白、质地坚实，橡皮擦拭不易起毛。绘图时要使用图纸正面，即用橡皮擦拭不起毛的一面。

2.2.1.4 绘图铅笔

绘图铅笔常用标号有"H""HB""2B"三种，常用 H 铅笔画底稿，用 HB 铅笔加深细线，写字或画各种符号，2B 铅笔加深粗实线。绘图铅笔的磨削形状，如图 2-18 所示。

2.2.1.5 其他绘图用品

其他绘图用品包括：砂纸（用于修磨铅芯头）、擦图片（用于修改图线时，遮盖不需要擦掉的图线）、橡皮（擦拭图线、清洁图面）、刀片（用于削铅笔）和胶带纸（用于固定图纸）等。

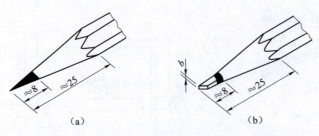

图 2-18 铅笔磨削形状

(a) H 和 HB 铅笔磨削形状；(b) 2B 铅笔磨削形状

2.2.2 常用几何图形的画法

2.2.2.1 圆周五等分

作图步骤：

(1) 以 A 点为圆心，OA 为半径画弧，得点 M、N，连 MN 与 OA 交于点 E，如图 2-19 (a) 所示；

(2) 以点 E 为圆心，EB 为半径画弧，在 OC 上交于点 F，如图 2-19 (b) 所示；

(3) 以 B 为起点，BF 长度为半径将圆周五等分，得点 1、2、3、4，依次连各点得圆的内接正五边形，如图 2-19 (c) 所示。

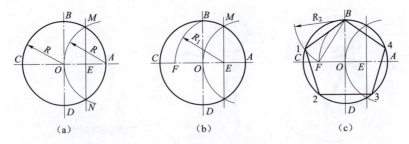

图 2-19 圆周五等分的画法

2.2.2.2 圆周三等分和六等分

有两种方法等分圆周，一种是用三角板和丁字尺配合作图；另一种是用尺规作图，如图 2-20 所示。

2.2.3 圆弧连接

圆弧连接是指用已知半径的圆弧光滑连接（即相切）两个已知线段（直线或圆弧）的绘图方法。圆弧连接在零件上经常可见，如图 2-21 所示。

圆弧连接的实质是：几何要素间的相切关系。画圆弧连接时最主要是解决以下问题：

(1) 确定连接圆弧的圆心位置；

(2) 准确定出切点的位置。

圆弧连接的形式有：两直线连接、圆弧与直线连接、圆弧与圆弧连接。

作图方法和步骤：

(1) 求连接弧圆心；

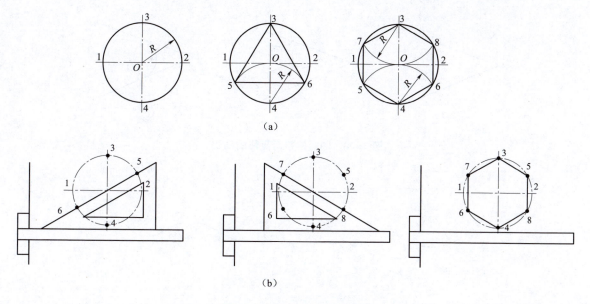

图 2-20 圆周六等分的画法
(a) 用尺规六等分圆周；(b) 用三角板和丁字尺六等分圆周

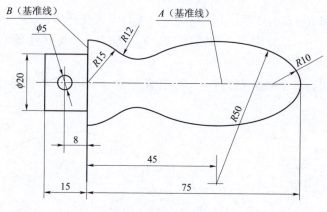

图 2-21 圆弧连接示例

（2）求连接点（切点）；
（3）画连接弧并描深。

2.2.3.1 用圆弧连接两已知直线

（1）已知 R 与斜线 AB、AC，如图 2-22（a）所示；
（2）分别作与 AB、AC 相距为 R 的平行线，其交点即为所求的圆心 O，如图 2-22（b）所示；
（3）过 O 点分别作 AB、AC 的垂线，得垂足 E、D，以 O 为圆心，R 为半径在 D、E 间画圆弧，即为所求，如图 2-22（c）所示。

2.2.3.2 用圆弧连接两圆弧

用圆弧连接圆弧分为外切（如图 2-23 所示）和内切（如图 2-24 所示）两种形式。
已知两圆弧的圆心和半径分别为 O_1、O_2 和 R_1、R_2，用半径 R 的圆弧外切，其作图步骤

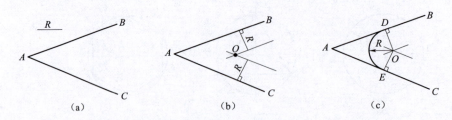

图 2-22　圆弧连接两直线的画法

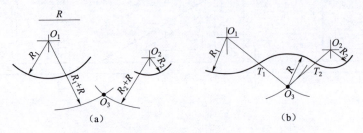

图 2-23　连接圆弧与两已知圆弧外切的画法

如图 2-23 所示。

（1）以 R_1+R 和 R_2+R 为半径，以 O_1、O_2 为圆心画弧交于 O_3；

（2）连 O_1O_3、O_2O_3，分别与已知弧交 T_1、T_2（切点），以 O_3 为圆心，R 为半径画弧连接切点 T_1T_2，即为所求。

已知两圆弧的圆心和半径分别为 O_1、O_2 和 R_1、R_2，用半径 R 的圆弧内切，其作图步骤如图 2-24 所示。

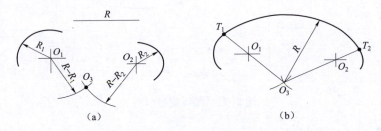

图 2-24　连接圆弧与两已知圆弧内切的画法

（1）以 $R-R_1$ 和 $R-R_2$ 为半径，以 O_1、O_2 为圆心画弧交于 O_3；

（2）连接 O_1O_3、O_2O_3，并延长与已知弧交 T_1、T_2（切点），以 O_3 为圆心，R 为半径画弧连接切点 T_1T_2，即为所求。

知识拓展

1. 椭圆的画法

画椭圆的方法比较多，在实际作图中常用的有同心圆法和四心法，这里主要介绍下四心法画椭圆。四心法是一种近似的作图方法，即采用四段圆弧来代替椭圆曲线，作图步骤如图 2-25 所示。

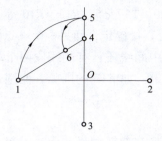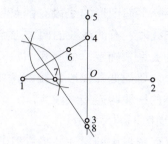
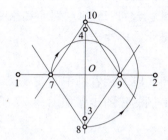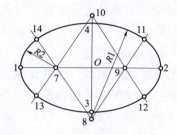

图 2-25 椭圆作图步骤

（1）作长轴 12、短轴 34，以交点 O 为圆心，$O1$ 为半径画弧交 $O4$ 的延长线于 5，再以 4 为圆心，45 为半径画弧交 14 线于 6；

（2）作 16 的垂直平分线交 $O1$ 和 $O3$ 于 7、8 两点；

（3）以点 O 为圆心，作 7、8 两点的对称点 9、10，即为椭圆的四个圆心，并彼此连线；

（4）分别以点 8、10 为圆心，点 8 至点 4 的长度 $R1$ 为半径画弧，分别交圆心连接的延长线于 14、11、12、13。再以 7、9 为圆心，点 7 至点 1 的长度 $R2$ 为半径画弧，即得椭圆。

2．平面图形的画法

以图 2-26 手柄为例讲解平面图形的绘制和尺寸标注。

1）平面图形的线段分析

根据定位尺寸的数量，线段可分为已知线段、中间线段和连接线段。

已知线段：定形尺寸和定位尺寸全部已知；

中间线段：定形尺寸和一个定位尺寸已知；

连接线段：只有定形尺寸已知。

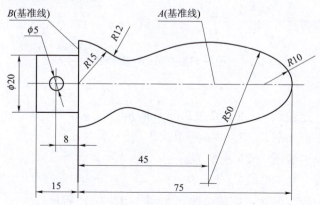

图 2-26 平面图形的画法

组成手柄平面图形的线段有的可以直接画出，如 φ20、15、φ5、R15、R10 等，这样的线段叫已知线段；有的线段的两个端点中只有一个端点可直接确定，而另一个端点由线段与其他线段的关系来确定，如圆弧 R50 等，这样的线段叫中间线段；有的线段两个端点都不能直接画出，要根据和线段相接的两端线段的关系来确定，如 R12 的圆弧，两圆弧的公切线等，这样的线段叫连接线段。

2）平面图形的尺寸分析

手柄平面图形中的尺寸 φ20、R10、R15 等是确定图形几何元素形状大小的尺寸，叫定形尺寸；而 45、8 等是确定圆心位置的尺寸，叫定位尺寸；尺寸 75 的左端面和水平中心线是尺寸的起始位置，叫尺寸基准。标注尺寸可先注定形尺寸，再注定位尺寸。

3）平面图形的画图步骤

平面图形的画图步骤一般是先画定位轴线，再画已知线段，接着画中间线段，最后画连接线段，画连接线段时要精确求出线段的圆心和切点，手柄的作图步骤如图 2-27 所示。

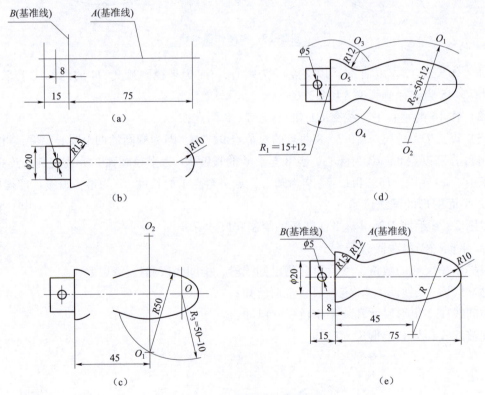

图 2-27　手柄的作图步骤

作图步骤：

(1) 画基准线（定位线），如图 2-27（a）所示；
(2) 画已知线段，如图 2-27（b）所示；
(3) 画中间线段，如图 2-27（c）所示；
(4) 画连接线段，如图 2-27（d）所示；
(5) 清洁图面，标注尺寸，完成全图，如图 2-27（e）所示。

第 2 章 制图国家标准及绘图基本技能

先导案例解决

在齿轮轴零件图中,使用了粗实线表示零件的可见轮廓,细点画线表示零件的轴线和齿轮的分度线,细实线绘制尺寸线、尺寸界线、剖面线,绘图的过程中,要使用丁字尺、三角板、圆规、分规等绘图工具和仪器,也会用到图纸、铅笔、橡皮、擦图板、胶带、小刀等绘图用品,只有正确运用制图国家标准,正确使用绘图工具和仪器,才能正确绘制出齿轮轴零件图。

生产学习经验

1. 所有的机械图样都会根据零件的结构采用不同的线型来绘制;
2. 零件图上的尺寸是图样中指令性最强的部分,不能出现一丝差错或引起混淆,才能保证零件加工和检验的正确性;
3. 对绘图工具和仪器的使用应多加练习,按要求的方法使用,养成好的习惯,才能逐步提高绘制速度和绘制质量。

本章小结

掌握制图国家标准的规定是绘制和识读机械图样的前提,掌握绘图工具和仪器的正确使用方法是绘制机械图样的基础。本章重点是制图国家标准的规定,尺寸标注是本章的难点,这些知识是学习绘制和识读机械图样的基础,必须正确应用,熟能生巧。几何作图和平面图形画法是非机械类专业的选学课程,同学可通过自学掌握。

思考题

想一想:如图 2-28 所示的挂轮架平面图形应用了制图国家标准的哪些内容?使用了哪些绘图工具?如何正确绘制它?

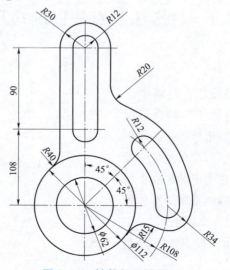

图 2-28 挂轮架平面图形

第 3 章

正投影基本知识

▶ 本章知识点

1. 了解投影法的基本概念；
2. 掌握点、直线、平面的三面投影图；
3. 掌握各种位置直线、平面的投影特性；
4. 认识形体上平面的投影特征。

▶ 先导案例

在日常生活中，人们可以看到物体在太阳光或灯光照射下，在地面或墙壁上产生物体的影子，这就是一种投影现象。然而这个影子只能反映物体的轮廓，却不能表达物体的形状和大小，如何才能通过投影来反映物体的形状和尺寸呢？这将是本章讲述的重点。如图 3-1 所示正六棱锥，一个立体，如何用二维的平面图形反映其形状和尺寸？

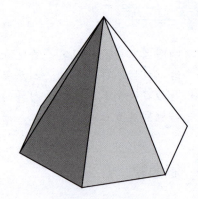

图 3-1 正六棱锥

3.1 投影法及点线面的应用

3.1.1 投影法

工程图样所采用的绘图方法，是将生活中"光线照射物体可以产生影子"的自然现象经过科学的抽象和改造之后形成的一种科学而严密的图示方法——投影法。简单地说，投影法就是投影线照射形体，在选定的平面上得到图形的方法。用投影法获得的投影图形称为投影（投影图），投影图如图 3-2 所示。

根据投射线的类型不同，投影法可分两大类：中心投影法和平行投影法。

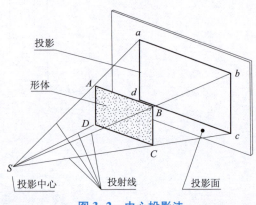

图 3-2 中心投影法

3.1.1.1 中心投影法

图 3-2 中这种所有投射线都汇交于一点的投影方法叫中心投影法。

由中心投影法所得到的图形简称中心投影，它符合人的单眼视觉原理，所以直观性强，是绘制建筑效果图（透视图）常用的方法。中心投影中图形的大小要随着形体（或投影中心）与投影面距离的改变而改变，其作图复杂且度量性差，故在机械图样中很少采用。

3.1.1.2 平行投影法

投射线相互平行的投影方法称为平行投影法，简称平行投影。

平行投影法又分为斜投影法和正投影法两种，如图 3-3 所示，其投影图形的大小不随着形体与投影面距离的改变而改变，度量性好。不仅如此，当形体表面与投影面平行时，该面的投影即全等于该表面，如图 3-3 中的 ABC 面的投影 abc，具有真实性。在作图原理上，正投影法比其他投影法简单，便于作图，所以在机械图样中，正投影是应用最广泛的图示法，也是本课程的学习重点。

为简便起见，下文中提到的投影都指正投影，特别指明的除外。

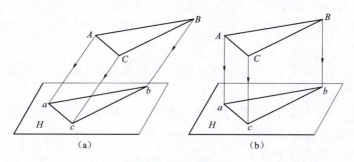

图 3-3 平行投影法

（a）斜投影；（b）正投影

3.1.1.3 正投影基本性质

如表 3-1 所示直线或平面与投影面的相对位置不同，将呈现出不同的投影特性：

表 3-1 正投影的基本性质

积聚性	真实性	类似性
直线垂直于投影面	直线平行于投影面	直线倾斜于投影面
直线垂直于投影面，投影积聚一点	直线平行于投影面，投影为实长线	直线倾斜于投影面，投影变短线

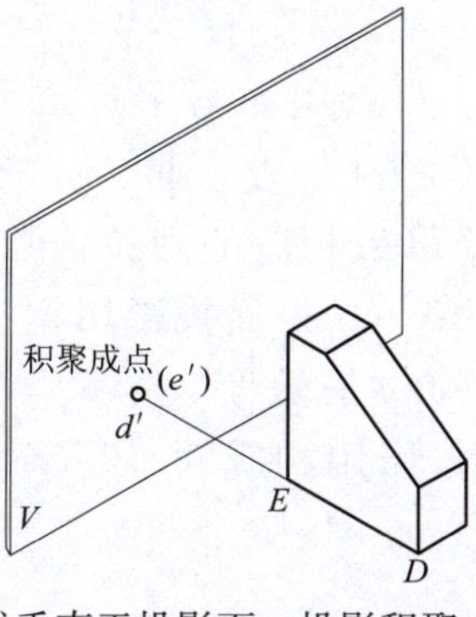

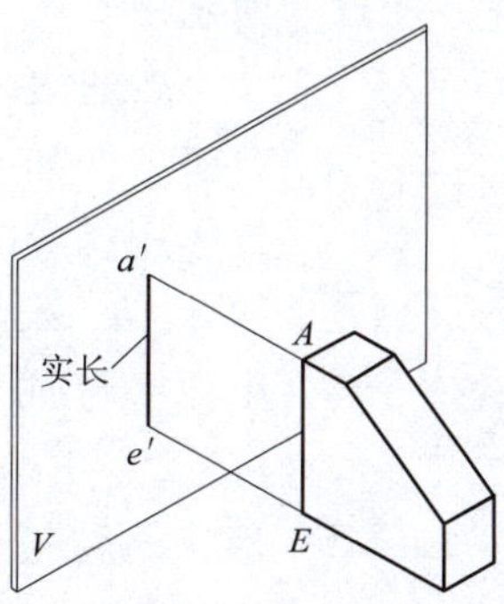

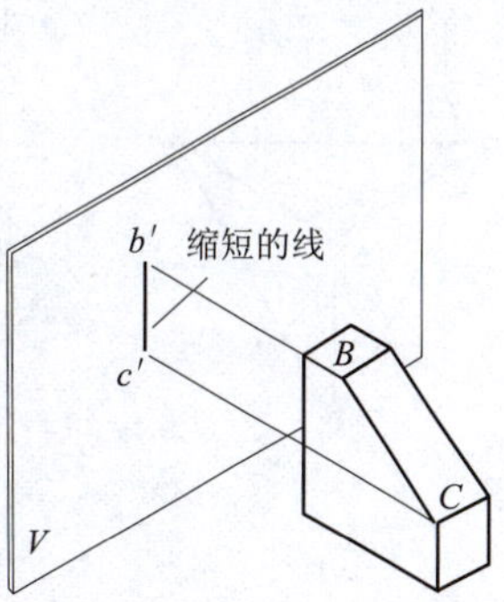

续表

积聚性	真实性	类似性
平面垂直于投影面	平面平行于投影面	平面倾斜于投影面
平面垂直于投影面，投影积聚成线	平面平行于投影面，投影显原形	平面倾斜于投影面，投影面积变小

（1）积聚性　平面（或直线）与投影面垂直时，其投影积聚成一条线（或一个点）的性质，称为积聚性；

（2）真实性（显实性）　平面（或直线）与投影面平行时，其投影反映实形（或实长）的性质，称为真实性；

（3）类似性　平面（或直线）与投影面倾斜时，其投影变小（或变短），但投影的形状与原来相类似的性质，称为类似性。

表3-1对上述性质进行了归纳。

3.1.2　点的投影规律

点是最基本的几何要素，为了迅速而正确地画出物体的三视图，必须掌握点的投影规律。例如图3-4（b）所示的正三棱锥，是由△SAB、△SBC、△SCA、△ABC四个棱面所组成，各棱面分别交于棱线SA、SB、…，各棱线汇交于顶点A、B、C、S，显然，绘制三棱锥的投影图，实质上就是画出这些顶点的各面投影，然后依次连线而成，如图3-4（a）所示。

点的表示法：空间点用大写字母或罗马数字，例如A、B、C或Ⅰ、Ⅱ、Ⅲ…；水平投影用相应的小写字母或相应的阿拉伯数字，如a、b、c或1、2、3…；正面投影用相应的小写字母或相应的阿拉伯数字a'、b'、c'或$1'$、$2'$、$3'$…；侧面投影用相应的小写字母或相应的阿拉伯数字，如a''、b''、c''或$1''$、$2''$、$3''$…。

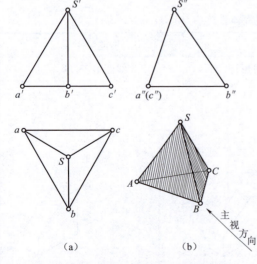

图3-4　物体上点的投影分析示例

3.1.2.1 三投影面体系的建立

三投影面体系由三个相互垂直的投影面所组成，如图 3-5 所示。三个投影面分别为：

正立投影面，简称正面，用 V 表示；

水平投影面，简称水平面，用 H 表示；

侧立投影面，简称侧面，用 W 表示。

相互垂直的投影面之间的交线，称为投影轴，它们分别是：

OX 轴（简称 X 轴），是 V 面与 H 面的交线，它代表长度方向；

OY 轴（简称 Y 轴），是 H 面与 W 面的交线，它代表宽度方向；

OZ 轴（简称 Z 轴），是 V 面与 W 面的交线，它代表高度方向。

三根投影轴相互垂直，其交点 O 称为原点。

为了画图方便，需将互相垂直的三个投影面摊平在同一个平面上。规定：正立投影面保持不动，将水平投影面 OX 轴向下旋转 90°，将侧立投影面绕 OZ 轴向右旋转 90°，分别重合到正立投影面上。应注意：水平投影面和侧立投影面旋转时，OY 轴被分为两处，分别用 OY_H（在 H 面上）和 OY_W（在 W 面上）表示，如图 3-6 所示。

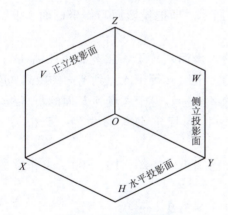

图 3-5 三面投影体系

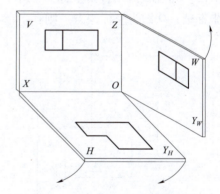

图 3-6 三投影面体系的展开

3.1.2.2 点的三面投影

如图 3-7 所示，求点 A 的三面投影，就是由点 A 分别向三个投影面作垂线，则其垂足 a、a'、a'' 即为点 A 的三面投影图。如将投影面摊平在一个平面上，便得到点 A 的三面投影图，如图 3-7（b）所示。图中 a_x、a_{yh}、a_{yw}、a_z 分别为点的投影连线（用细实线绘制）与投影轴 X、Y、Z 的交点。

通过点的三面投影图的形成过程，可总结出点的投影规律：

（1）点的两面投影的连线，必定垂直于相应的投影轴。即：

$aa' \perp OX$，$a'a'' \perp OZ$，而 $aa_{yh} \perp OY_h$，$a''a_{yw} \perp OY_W$。

（2）点的投影到投影轴的距离，等于空间点到相应的投影面的距离，即"影轴距等于点面距"。

$a'a_x = a''a_{yw} = A$ 点到 H 面的距离 Aa；

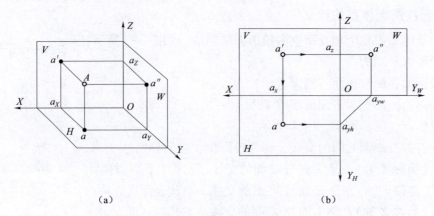

图 3-7 点的三面投影
(a) 点在三面投影体系中的投影；(b) 展开图

$aa_x = a''a_z = A$ 点到 V 面的距离 Aa'；

$aa_{yh} = a'a_z = A$ 点到 W 面的距离 Aa''。

3.1.2.3 点的投影与直角坐标的关系

点的空间位置可用直角坐标来表示，如图 3-8 所示。即把投影面当作坐标面，投影轴当作坐标轴，O 即为坐标原点。则：

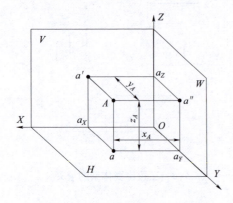

A 点的 X 坐标 x_A 等于 A 点 W 面的距离 Aa''；

A 点的 Y 坐标 y_A 等于 A 点到 V 面的距离 Aa'；

A 点的 Z 坐标 z_A 等于 A 点到 H 面的距离 Aa。

点 A 坐标的规定书写形式为：A（x_A，y_A，z_A）。

例 1 已知点 A（20，10，30），求作它的三面投影图。

作法 1（图 3-9（a））

（1）作投影轴 OX、OY_H、OY_W、OZ；

（2）在 OX 轴上由 O 点向左量取 20，得 a_x 点；

图 3-8 点的投影与坐标的关系

在 OY_H、OY_W 轴上由 O 点分别向下、向右量取 10，得出 a_{yh}、a_{yw}；在 OZ 轴上由 O 向上取 30，得出 a_z；

（3）过 a_x 作 OX 轴的垂线，过 a_{yh}、a_{yw} 分别作 OY_H、OY_W 轴的垂线，过 a_z 作 OZ 轴的垂线；

（4）各条垂线的交点 a、a'、a''，即为 A 点的三面投影。

作法 2（图 3-9（b））

（1）作投影轴 OX、OY_H、OY_W、OZ；

（2）在 OX 轴上由 O 点向左量取 20，得 a_x 点；

（3）过 a_x 作 OX 轴的垂线，并沿垂线向下量取 10，得 $a_x a = 10$，向上量取 30，得 a'；

（4）根据 a、a'，求出第三投影 a''。

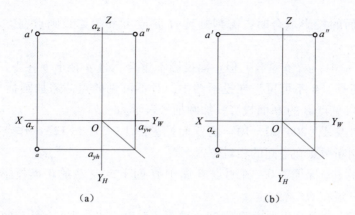

图 3-9 根据点的坐标作投影图

3.1.2.4 两点的相对位置

两点在空间的相对位置，由两点的坐标差来确定，如图 3-10 所示。

两点的左、右相对位置由 x 坐标差（x_A-x_B）确定。由于 $x_A>x_B$，因此点 B 在点 A 的右方；

两点的前、后相对位置由 y 坐标差（y_A-y_B）确定。由于 $y_A<y_B$，因此点 B 在点 A 的前方；

两点的上、下相对位置由 z 坐标差（z_A-z_B）确定。由于 $z_A>z_B$，因此点 B 在点 A 的下方；

故点 A 在点 B 的左、后、上方，反过来说，就是 B 点在 A 点的右、前、下方。

如图 3-11 所示 A、B 两点的投影中，a 和 b 重合，这说明 A、B 两点的 x、y 坐标相同，$x_A=x_B$、$y_A=y_B$，即 A、B 两点处于对水平面的同一条投射线上。

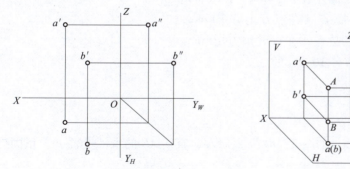

图 3-10 两点相对位置

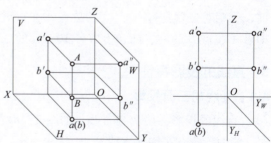

图 3-11 重影点的可见性判断

可见，共处于同一条投射线上的两点，必在相应的投影面上具有重合的投影，这两个点被称为对该投影面的一对重影点。

重影点的可见性需根据这两点不重影的投影的坐标大小来判别。即：

当两点在 V 面的投影重合时，需判别其 H 面或 W 面投影，则点在前（y 坐标大）者可见；

当两点在 H 面的投影重合时，需判别其 V 面或 W 面投影，则点在上（z 坐标大）者可见；

若两点在 W 面的投影重合时，需判别其 H 面或 V 面投影，则点在左（x 坐标大）者可见；

如图 3-11 所示中，a、b 重合，但正面投影不重合，且 a 在上 b 在下，即 $z_A > y_B$。所以对 H 面来说，A 可见，B 不可见。在投影图中，对不可见的点，需加圆括号表示。如图 3-11 所示中，对不可见点 B 的 H 面投影，加圆括号表示为 (b)。

例 2 在已知点 A（20，20，10）的三面投影图上（图 3-12），作点 B（30，10，0）的三面投影，并判断两点在空间的相对位置。

分析：点 B 的 z 坐标等于 0，说明点 B 属于 H 面上，点 B 的正面投影 b′一定在 OX 轴上，侧面投影 b″一定在 OY_W 轴上。

作图：在 OX 轴上由 O 点向左量取 30，得 b_x（b′重合于该点），由 b_x 向下作垂线并取 $b_x b = 10$，得 b。根据作出的 b、b′，即可求得第三投影 b″，如图 3-13 所示。应注意，b″一定在 W 面的 OY_W 轴上，而绝不在 H 面的 OY_H 轴上。

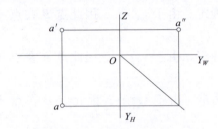

图 3-12 点 A 的三面投影

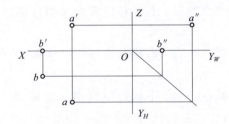

图 3-13 点 A、B 两点的三面投影

判别 A、B 两点在空间的相对位置：

左、右相对位置：$x_B - x_A = 10$，故点 A 在点 B 右方 10 mm。

上、下相对位置：$z_A - z_B = 10$，故点 A 在点 B 上方 10 mm；

前、后相对位置：$y_A - y_B = 10$，故点 A 在点 B 前方 10 mm；

即点 A 在点 B 的右、前、上方各 10 mm 处。

3.1.3 直线的投影特性

3.1.3.1 直线的三面投影

(1) 直线的投影一般仍为直线。如图 3-14（a）所示，直线 AB 的水平投影 ab、正面投影 a′b′、侧面投影 a″b″均为直线。

本节所研究的直线，多指直线的有限部分，即线段而言。

(2) 直线的投影可由直线两端点的同面投影（也即同一投影面上的投影）来确定。因空间一直线可由直线的两个端点来确定，所以直线的投影也可由直线两个端点的投影来确定。

如图 3-14（b）所示为直线的两端点 A、B 两点的三面投影，连接两点的同面投影得到 ab、a′b′、a″b″就是直线 AB 的三面投影，如图 3-14（c）所示。

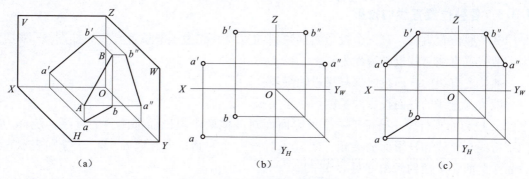

图 3-14 直线的三面投影

3.1.3.2 属于直线的点

属于直线的点，其投影仍属于直线的投影。

例如图 3-15 中的点 $C \in AB$（$\in$ 为属于符号），则必有 $c \in ab$、$c' \in a'b'$、$c'' \in a''b''$。

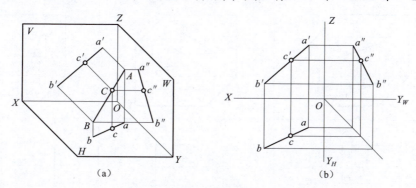

图 3-15 属于直线上点的投影

注意：如果一点的三面投影中有一面投影不属于直线的同面投影，则该点必不属于该直线。

图 3-16 表示已知直线 AB 的三面投影和属于直线的点 C 的水平投影 c，求点 C 的正面投影 c' 和侧面投影 c'' 的作图情况。

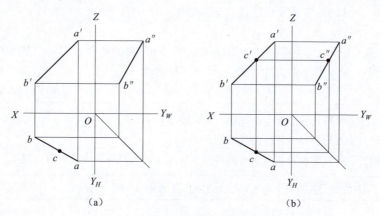

图 3-16 属于直线上点的投影

3.1.3.3 各种位置直线的投影

（1）一般位置直线　对三个投影面都倾斜的直线，称为一般位置直线。如图3-14所示即为一般位置直线，其投影特性为：

一般位置直线的各面投影都与投影轴倾斜；

一般位置直线的各面投影的长度均小于实长。

（2）投影面平行线　平行于一个投影面而对其他两个投影面都倾斜的直线，统称为投影面平行线。直线和投影面的夹角，叫直线对投影面的倾角，并以 α、β、γ 分别表示直线对 H 面、V 面、W 面的倾角（见表3-2）。

只平行于 H 面的直线，称为水平线；只平行于 V 面的直线，称为正平线；只平行于 W 面的直线，称为侧平线。它们的投影特性列于表3-2中。

表3-2　投影面平行线的投影特性

名称	水平线	正平线	侧平线
轴测图	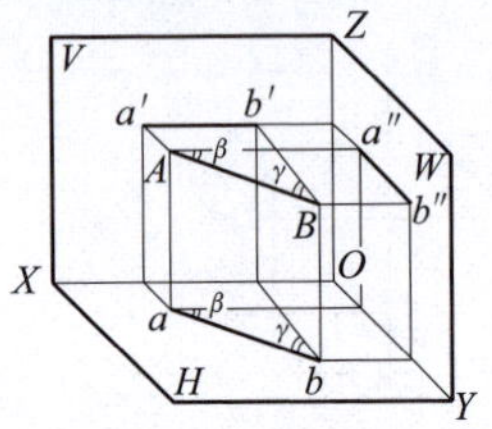	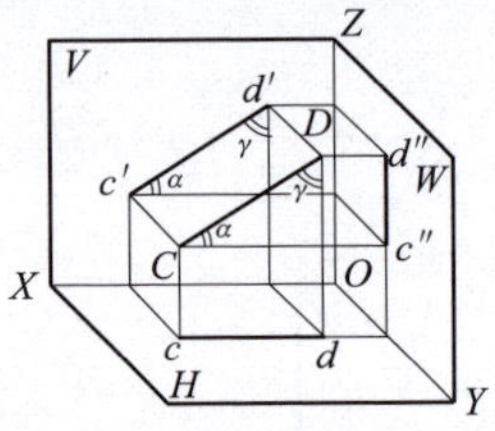	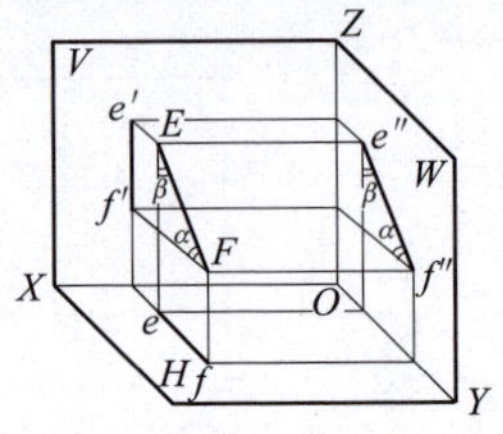
投影图	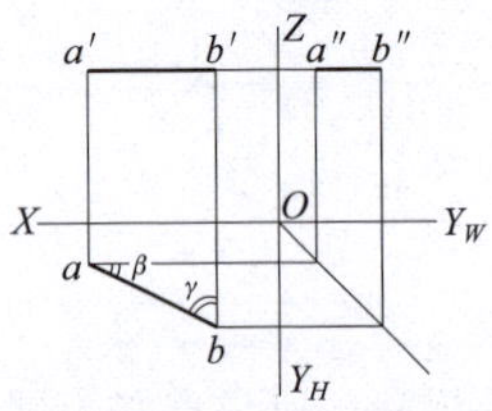	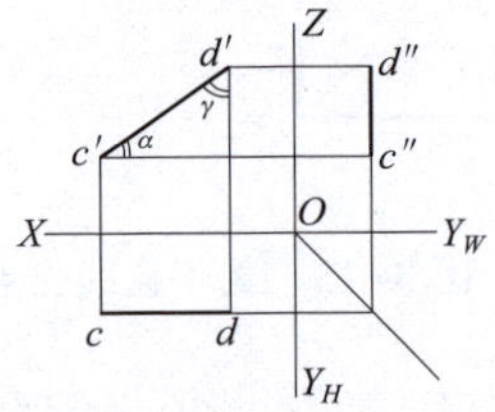	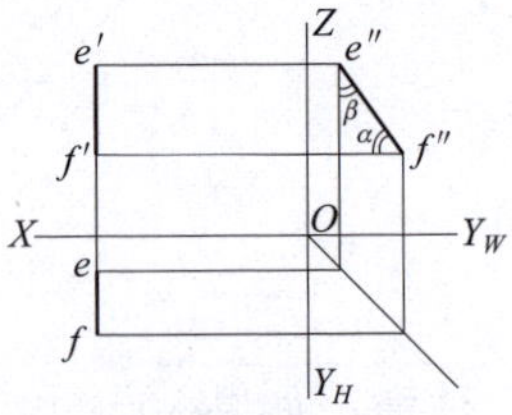
投影特性	① 水平投影 $ab=AB$； ② 正面投影 $a'b' // OX$，侧面投影 $a''b'' // OY$ 轴且不反映实长； ③ ab 与 OX 和 OY_H 轴的夹角 β、γ 等于 AB 对 V、W 面的倾角	① 正面投影 $c'd'=CD$； ② 水平投影 $cd // OX$ 轴，侧面投影 $c''d'' // OZ$ 且不反映实长； ③ $c'd'$ 与 OX 和 OZ 轴的夹角 α、γ 等于 CD 对 H、W 面的倾角	① 侧投影 $e''f''=EF$； ② 水平投影 $ef // OY$ 轴，正面投影 $e'f' // OZ$ 且不反映实长； ③ $e''f''$ 与 OY_W 和 OZ 轴的夹角 α、β 等于 EF 对 H、V 面的倾角
	① 直线在所平行的投影面上的投影，均反映实长； ② 其他两面投影平行于相应的投影轴； ③ 反映实长的投影与投影轴所夹的角度，等于空间直线对相应投影面的倾角		

注：在三投影面体系中，直线与 H、V、W 面的倾角分别用 α、β、γ 表示。

（3）投影面垂直线　垂直于一个投影面而对其他两个投影面都平行的直线，统称为投影面垂直线。

垂直于 H 面的直线，称为铅垂线；垂直于 V 面的直线，称为正垂线；垂直于 W 面的直线，称为侧垂线。它们的投影特性列于表 3-3 中。

表 3-3　投影面垂直线的投影特性

名称	铅垂线	正垂线	侧垂线
轴测图			
投影图			
投影特性	① 水平投影积聚成一点 a (b)； ② $a'b' = a''b'' = AB$，且 $a'b' \perp OX$ 轴，$a''b'' \perp OY_W$ 轴	① 正面投影积聚成一点 c' (d')； ② $cd = c''d'' = CD$，且 $cd \perp OX$ 轴，$c''d'' \perp OZ$ 轴	① 侧面投影积聚成一点 e'' (f'')； ② $ef = e'f' = EF$，且 $ef \perp OY_H$ 轴，$e'f' \perp OZ$ 轴
	① 直线在所垂直的投影面上的投影，积聚成一点； ② 其他两面投影反映该直线的实长，且分别垂直于相应的投影轴。		

3.1.4　平面的投影特征

本节所研究的平面，多指平面的有限部分，即平面图形而言。

平面图形的边和顶点，是由一些线段（直线段或曲线段）及其交点组成的。因此，画平面图形的投影，可归纳为：先画出平面图形各顶点的投影，然后将各点同面投影点依次连接，即为平面图形的投影，如图 3-17 所示。

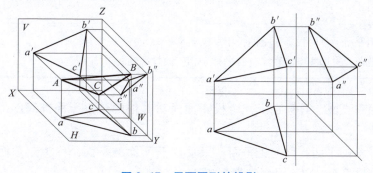

图 3-17　平面图形的投影

下面介绍各种位置平面的投影。

(1) 一般位置平面 对三个投影面都倾斜的平面，称为一般位置平面。

如图 3-17 所示，△ABC 为一般位置平面。由于 △ABC 对三个投影面都倾斜，所以各面投影虽然仍是三角形，但都不反映实形，而是原平面图形的类似形。

(2) 投影面平行面 平行于一个投影面而与另外两个投影面都垂直的平面，统称为投影面平行面。

平行于 H 面的平面，称为水平面；平行于 V 面的平面，称为正平面；平行于 W 面的平面，称为侧平面。它们的投影特性列于表 3-4 中。

表 3-4 投影面平行面的投影特性

名称	水 平 面	正 平 面	侧 平 面
轴测图	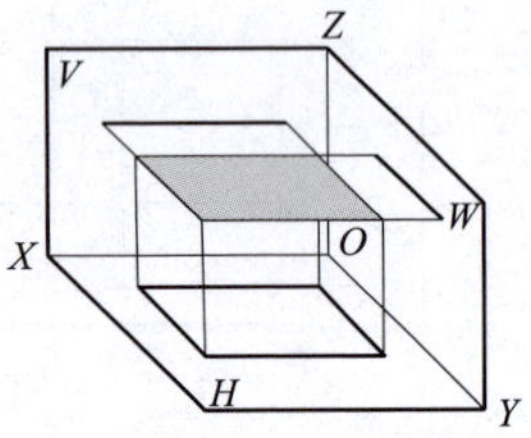	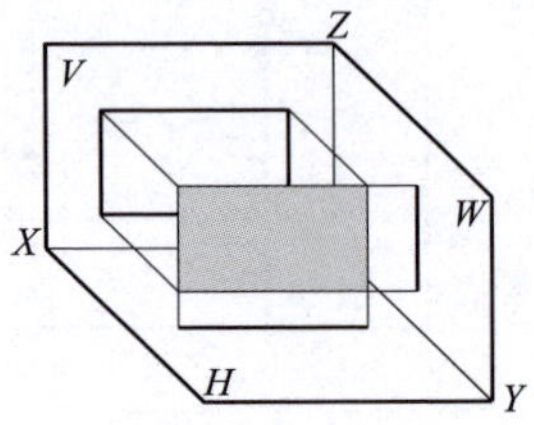	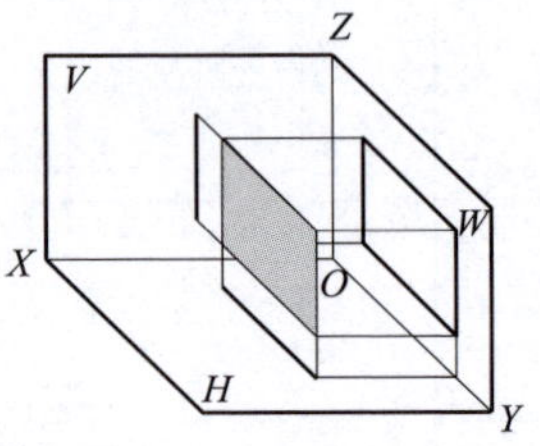
投影图	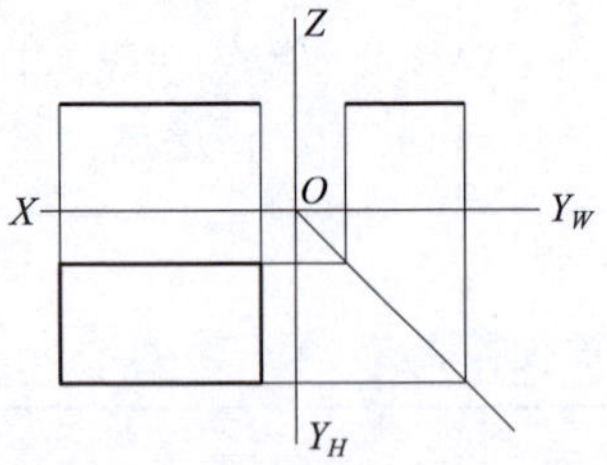	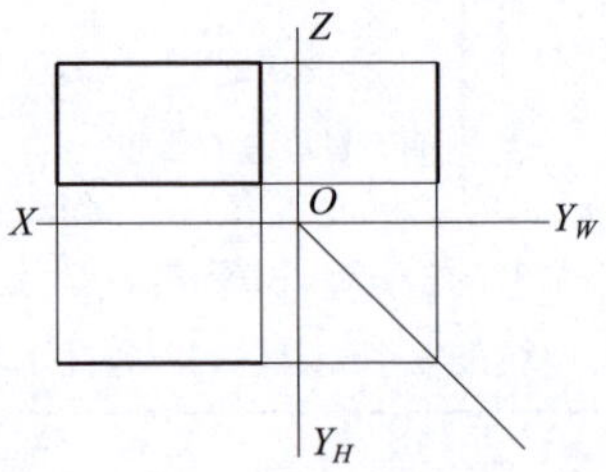	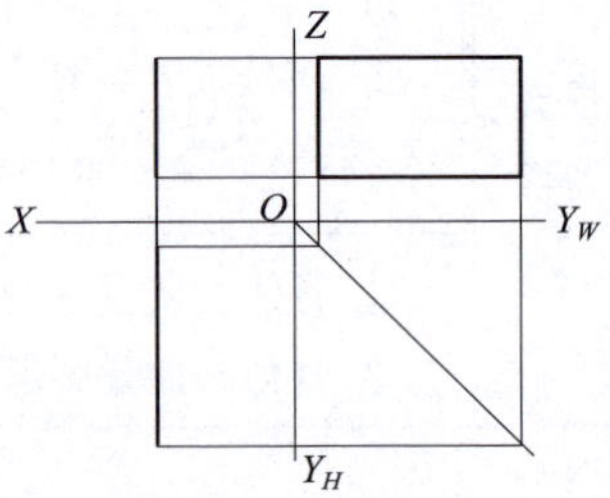
投影特性	① 水平投影反映实形； ② 正面投影积聚成直线，且平行于 OX 轴； ③ 侧面投影积聚成直线，且平行于 OY_W 轴	① 正面投影反映实形； ② 水平投影积聚成直线，且平行于 OX 轴； ③ 侧面投影积聚成直线，且平行于 OZ 轴	① 侧面投影反映实形； ② 正面投影积聚成直线，且平行于 OZ 轴； ③ 水平投影积聚成直线，且平行于 OY_H 轴
	① 平面在所平行的投影面上的投影反映实形； ② 其他两面投影积聚成直线，且平行于相应的投影轴。		

(3) 投影面垂直面 只垂直于一个投影面而对其他两个投影面都倾斜的平面，统称为投影面垂直面。

只垂直于 H 面的平面，称为铅垂面；只垂直于 V 面的平面，称为正垂面；只垂直于 W 面的平面，称为侧垂面。它的投影特性列于表 3-5 中。

表 3-5 投影面垂直面的投影特性

名称	铅垂面	正垂面	侧垂面
轴测图			
投影图			
投影特性	① 水平投影积聚成直线，该直线与 OX、OY_H 轴的夹角 β、γ，等于平面对 V、W 面的倾角； ② 正面投影和侧面投影为原平面的类似形	① 正面投影积聚成直线，该直线与 OX、OZ 轴的夹角 α、γ，等于平面对 H、W 的倾角； ② 水平面投影和侧面投影为原平面的类似形	① 侧面投影积聚成直线，该直线与 OY_W、OZ 轴的夹角 α、β，等于平面对 H、V 面的倾角； ② 正面投影和水平面投影为原平面的类似形
	① 平面在所垂直的投影面上的投影，积聚成与投影轴倾斜的直线，该直线与投影轴的夹角等于平面对相应投影面的倾角； ② 其他两面投影均为原平面的类似形。		

投影面平行面和投影面垂直面统称为特殊位置平面。

3.2 几何体的三视图画法

几何体分为平面体和曲面体两种。所有表面均由平面围成的几何体，称为平面体；表面全部由曲面围成或由平面和曲面共同围成的几何体，称为曲面体。

3.2.1 平面体的三视图画法

3.2.1.1 正棱柱

棱柱是由两个相互平行的多边形的底面和几个矩形的侧面围成的立体，棱柱有直棱柱和斜棱柱。顶面和底面为正多边形的直棱柱，称为正棱柱。棱柱的棱线互相平行。常见的棱柱有三棱柱、四棱柱、五棱柱、六棱柱等。下面以六棱柱为例，分析其投影特征和作图方法。

1）正棱柱的画法

正六棱柱的顶面和底面是互相平行的正六边形，六个棱面均为矩形，且与顶面和底面垂直,为作图方便,选择正六棱柱的顶面和底面平行于水平面,并使前、后两个棱面与正面平行,如图 3-18(a)所示。

正六棱柱的投影特征:顶面和底面的水平投影重合,并反映实形——正六边形,六边形的正面和侧面投影均积聚为直线,六个棱面的水平投影分别积聚为六边形的六条边,由于前、后两个棱面平行于正面,所以正面投影反映实形,侧面投影积聚成两条直线,其余棱面不平行于正面和侧面,所以它们的正面和侧面投影虽仍为矩形,但都小于原形,如图 3-18(a)所示,正六棱柱的正面投影为三个可见的矩形,侧面投影为两个可见的矩形。

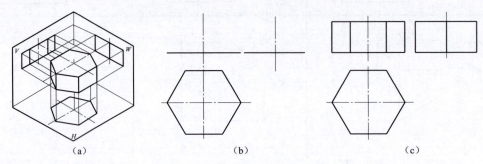

图 3-18 正六棱柱的投影作图

作图步骤:

(1) 作正六棱柱的对称中心线和底面基线,画出底面的三面投影,注意先画出具有轮廓特征的俯视图——正六边形,如图 3-18(b)所示。

(2) 按长对正的投影关系,并量取正六棱柱的高度画出主视图,再按高平齐、宽相等的投影关系画出左视图如图 3-18(c)所示。注意:此二面投影的矩形线框、轮廓线的投影及可见性。

2) 棱柱体表面点的投影

由于棱柱的表面都是平面,所以在棱柱的表面上取点与在平面上取点的方法相同。由于棱柱各表面均处于特殊位置,因此可利用积聚性来取点。

点的可见性规定:若点所在的平面的投影可见,点的投影也可见;若平面的投影积聚为直线,则点的投影也可见。

例 5 已知棱柱表面的点 A、B 的投影 a'、b,求它的另两面投影,如图 3-19(a)所示。

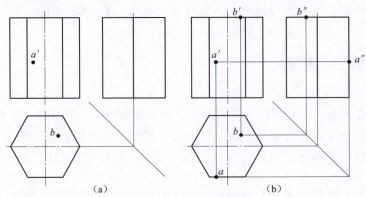

图 3-19 正六棱柱表面取点

作图步骤：

对于 A 点，如图 3-19（a）所示，正面投影 a′在矩形线框中并可见，因此根据正棱柱投影特点，A 点水平投影应积聚到六边形上，并在最前面上，如图 3-19（b）水平投影所示，根据点的投影规律得到侧面的投影 a″；对于 B 点，如图 3-19（a）所示，水平投影 b 在多边形线框内并可见，因此 B 点在正六棱柱的顶面上，因此根据点的投影规律得到 B 点的正面投影和侧面投影，如图 3-19（b）所示。

3.2.1.2 棱锥

棱锥由一个底面和几个侧棱面组成，其中侧棱线交于有限远的一点——锥顶。常见的棱锥有三棱锥、四棱锥、五棱锥等。下面以图 3-20 所示正四棱锥为例，分析其投影特征和作图方法。

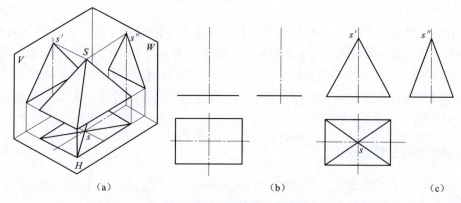

图 3-20　四棱锥的投影作图

1）正棱锥的画法

如图 3-20 所示正四棱锥前后、左右对称，底面平行于水平面，其水平投影反映实形，是一个矩形，左、右两个棱面垂直于正面，它们的正面投影积聚成直线。前、后两个棱面垂直于侧面，它们的侧面投影积聚成直线，与锥顶相交的四条棱线不平行于任一投影面，所以它们在三个投影面上的投影都不反映实长。

作图步骤：

（1）作正四棱锥的对称中心线和底面，先画出底面俯视图——矩形，如图 3-20（b）所示。

（2）根据正四棱锥的高度在轴线上定出锥顶 S 的三面投影位置，然后在主、俯视图上分别用直线连接锥顶与底面四个顶点的投影，即得四条棱线的投影，再由主、俯视图画出左视图，如图 3-20（c）所示。

2）棱锥体表面点的投影

棱锥的表面既有特殊平面也有一般位置平面，处于特殊平面上的点，其投影可利用投影的积聚性直接求取；处于一般位置平面上的点，可通过作过锥顶的辅助线的方法求取。

例 6　已知三棱锥上点 M、N 的正面投影 m′、(n′)，求点的另两面投影，如图 3-21（a）所示。

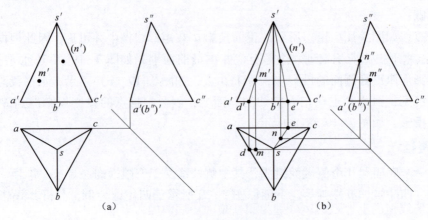

图 3-21 棱锥表面取点

作图方法：M 点位于正三棱锥左前侧面上，该面为一般位置平面，作过锥顶的直线 SM 的正面投影 $s'm'$ 并延伸与线 AB 的正面投影 $a'b'$ 交于点 D，得 D 点的正面投影 d'，利用直线上点的特性，求取 D 点的水平面投影 d，连接 sd，根据点的投影特性，得 M 点的水平面投影 m。同样的方法可求取 N 点的水平面投影 n，再根据点的投影特性，求取 M、N 点的侧面投影 m''、n'' 如图 3-21（b）所示。

3.2.2 回转体的三视图画法

由一条母线（直线或曲线）围绕轴线回转而形成的表面，称为回转面（曲面）；由回转面或回转面与平面所围成的立体，称为回转体（曲面体）。

圆柱、圆锥、圆球等都是回转体，它们的画法与回转面的形成条件有关。下面分别介绍。

3.2.2.1 圆柱

（1）圆柱面的形成　圆柱面可看作由一条直母线围绕和它平行的轴线 OO 回转而成。OO 称为回转轴，直线 AA_1、称为母线，母线转至任一位置时称为素线，如图 3-22（a）所示。

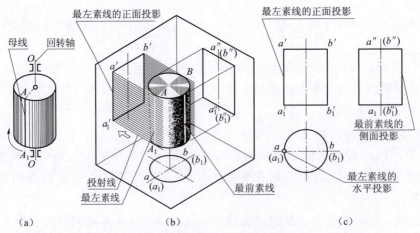

图 3-22　圆柱的形成、视图分析

（2）圆柱的三视图　如图 3-22（c）所示为圆柱的三视图，俯视图为一圆线框，由于圆柱轴线是铅垂线，圆柱面上所有直素线都是铅垂线，因此，圆柱面的水平投影有积聚性，成为一个圆，也就是说，圆柱曲面上的任一点，都对应圆柱面上某一位置直素线的水平投影，同时，圆柱顶面、底面的投影（反映实形），也与该圆相重合。

圆柱的三个视图中，主视图为一个矩形线框，其中左右两轮廓线 $a'a'_1$、$b'b'_1$，是两条由投射线组成且和圆柱面相切的平面与 V 面的交线，如图 3-22（b）所示，这两条交线也正是圆柱面上最左、最右转向素线（AA_1、BB_1）的投影，它们把圆柱面分为前后两半，其投影前半看得见，后半看不见，而这两条素线是看得见和看不见的分界线；最左、最右转向素线的侧面投影和轴线的侧面投影重合（不需画出其投影），水平投影在横向中心线和圆周的交点处。矩形线框的上、下两边分别为圆柱顶面、底面的积聚性投影。

对左视图的矩形线框，读者可参看图 3-22 和主视图的矩形线框作类似的分析。

画圆柱的三视图时，一般应先画基准线——细点画线，以确定三视图的位置，再画投影具有积聚性的圆，最后根据投影规律和圆柱的高度完成其他两视图。

（3）圆柱体表面点的投影　如图 3-23 所示，已知圆柱面上点 M 的正面投影 m'，求另两面投影 m 和 m''。根据给定的 m'（可见）的位置，可判定点 M 在前半圆柱面的左半部分；因圆柱面的水平投影有积聚性，故 m 必在前半圆周的左部，m''（可见）可根据 m' 和 m 求得。

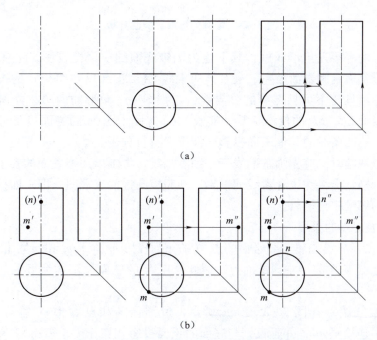

图 3-23　圆柱三视图及圆柱体表面点的投影
（a）圆柱三视图；（b）圆柱体表面点的投影

又知圆柱面上点 N 的侧面投影 n''，其他两面投影 n 和 n' 的求法和可见性，请读者自行分析。

3.2.2.2 圆锥

1）圆锥面的形成

如图 3-24（a）所示，圆锥面可看作由一条直母线 SA 围绕和它相交的轴线回转而成；

2）圆锥的三视图

如图 3-24（c）所示为圆锥的三视图。俯视图的圆形，反映圆锥底面的实形，同时也表示圆锥面的投影。

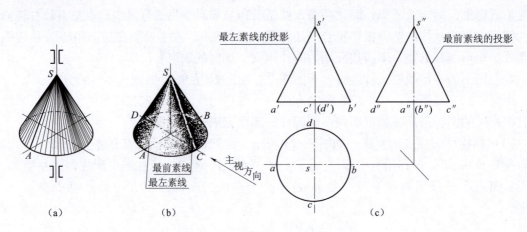

图 3-24 圆锥的形成、视图分析

主、左视图的等腰三角形线框，其下边为圆锥底面的积聚性投影，主视图中三角形的左、右两边，分别表示圆锥面最左、最右转向素线 SA、SB（反映实长）的投影，它们是圆锥面的正面投影可见与不可见部分的分界线；左视图中三角形的两边，分别表示圆锥面最前、最后转向素线 SC、SD 的投影（反映实长），它们是圆锥面的侧面投影可见与不可见部分的分界线。上述四条线的其他两面投影，请读者自行分析。

画圆锥的三视图时，应先画基准线——细点画线，再画出圆锥底面的各个投影及锥顶点的投影，然后分别画出特殊位置素线的投影，即完成圆锥的三视图。即一面投影为圆，另二面投影为全等的等腰三角形。

3）圆锥体表面点的投影

如图 3-25 所示，已知属于圆锥面的点 M 的正面投影 m′，求 m 和 m″。根据 M 的位置和可见性，可判定点 M 在前、左圆锥面上，因此，点 M 的三面投影均为可见。作图可采用如下两种方法：

（1）辅助素线法 如图 3-25（a）所示，过锥顶 S 和点 M 作一辅助素线 S1，即在图 3-25（b）中连接 s′m′，并延长到与底面的正面投影相交于 l′，求得 s1 和 s″l″；再由 m′根据点属于线的投影规律，求出 m 和 m″。

（2）辅助圆法 如图 3-25（a）所示，过点 M 在圆锥面上作垂直于圆锥轴线的水平辅助圆（该圆的正面投影积聚为一直线），即过 m′作圆锥底圆正面投影积聚线的平行线 2′3′，如图 3-25（c）所示，2′3′即是该辅助圆在正面的投影，辅助圆的水平投影为一直径等于 2′3′的圆，圆心为 s，由 m′作 OX 轴的垂线，与辅助圆的交点即为 m，再根据 m′和 m，求出 m″。

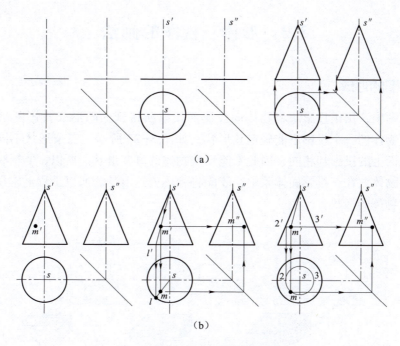

图 3-25 圆锥体表面点的投影
(a) 圆锥三视图;(b) 圆锥体表面点的投影

3.2.2.3 圆球

（1）圆球面的形成　如图 3-26（a）所示，圆球面可看作一圆（母线）围绕它的直径回转而成。

（2）圆球的三视图　如图 3-26（c）所示，为圆球的三视图。它们都是与圆球直径相等的圆，均表示圆球面的投影。画图时应先画基准线——细点画线，再画三面投影图。球的各个投影虽然都是圆形，但各个圆的意义不同，如图 3-26（b）所示，正面投影的圆是平行于 V 面的圆素线 A（前、后两半球的分界线，圆球面正面投影可见与不可见的分界线）的投影；按此作类似地分析，水平投影的圆，是平行于 H 面的圆素线 B 的投影，侧面投影的圆，是平行于 W 面的圆素线 C 的投影，这三条圆素线的其他两面投影，都与圆的相应中心线重合。

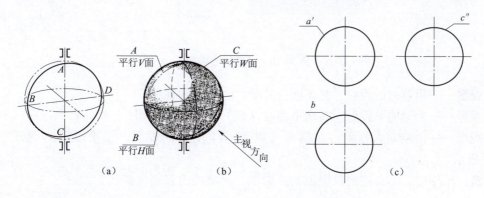

图 3-26　圆球的形成、视图及分析

3.3 形体三视图的画法

3.3.1 三视图的形成

在机械制图中,用正投影法将物体向投影面投射所得到的图形(投影图),称为视图。一般情况下,物体的一个投影不能确定其形状,如图 3-27 所示,三个形状不同的物体,它们在同一投影面上的投影却相同,因此不能反映物体的真实形状。所以,要反映物体的完整形状,通常将物体放在三投影面体系中,才能将物体表达清楚。所以工程上常用三面投影即三视图来表达物体的形状。

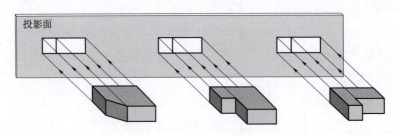

图 3-27 一个视图不能确定物体形状

如图 3-28(a)所示,将物体放在三投影面体系中,按正投影法向 V 面、H 面和 W 面作投影,即可分别得到正面投影、水平投影和侧面投影。

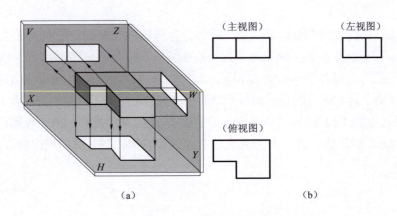

图 3-28 立体的三视图

主视图——由前向后投射,在正面（V 面）上所得的视图;
俯视图——由上向下投射,在水平面（H 面）上所得的视图;
左视图——由左向右投射,在侧面（W 面）上所得的视图。三投影面的展开方法见图 3-6 所示。

注意:绘图时,不必绘制投影面和投影轴,只需画出三面视图。

3.3.2 三视图之间的对应关系

3.3.2.1 三视图的位置关系

以主视图为准，俯视图在它的正下方，左视图在它的正右方，按此位置配置的三视图，不需注写其名称。

3.3.2.2 三视图的投影关系（"三等"关系）

从三视图的形成过程中，可以看出（图 3-29）：

主视图反映物体的长度（X）和高度（Z）；
俯视图反映物体的长度（X）和宽度（Y）；
左视图反映物体的高度（Z）和宽度（Y）。

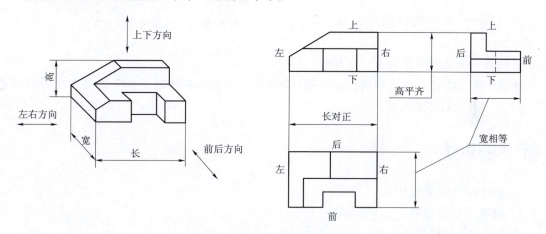

图 3-29 三视图的"三等"关系

由此可归纳得出：

主、俯视图——长对正；
主、左视图——高平齐；
俯、左视图——宽相等。

注意：应当指出，无论是整个物体或物体的局部，其三面投影都必须符合"长对正、高平齐、宽相等"的"三等"规律，如图 3-30 所示。

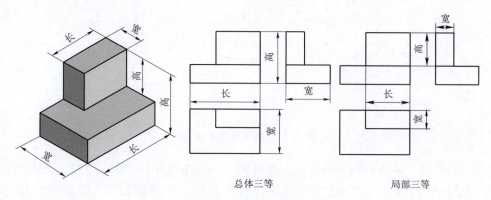

图 3-30 三视图的总体和局部"三等"关系

3.3.2.3 视图与物体的方位关系

所谓方位关系，指的是以绘图（或看图）者面对正面（即主视图的投射方向）观察物体为准，看物体的上、下、左、右、前、后六个方位，如图 3-31（a）所示；在三视图中的对应关系，如图 3-31（b）所示。

主视图——反映物体的上、下和左、右；

俯视图——反映物体的左、右和前、后；

左视图——反映物体的上、下和前、后；

注意：俯、左视图靠近主视图的一边（里边），均表示物体的后面，远离主视图的一边（外边），均表示物体的前面。

图 3-31 三视图的方位关系

知识拓展

1. 属于平面的直线和点

1）属于平面的直线

直线从属于平面的条件是：

（1）一直线经过属于平面的两点；

（2）一直线经过属于平面的一点，且平行于属于该平面的另一直线。

例 3 已知平面△ABC，试作出属于该平面的任一直线，如图 3-32 所示。

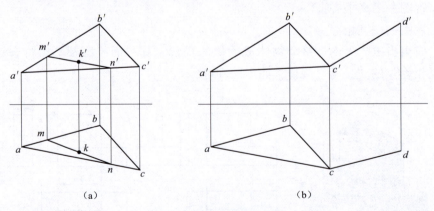

图 3-32 属于平面的直线

作法 1 根据"一直线经过属于该平面的两点"的条件作图，如图 3-32（a）所示。

任取属于直线 AB 的一点 M，它的投影分别为 m 和 m'；再取属于直线 AC 的一点 N，它的投影分别为 n 和 n'；连接两点的同面投影。由于 M、N 皆属于平面，所以 mn 和 $m'n'$ 所表

示的直线 MN 必属于 △ABC 平面。

作法 2　根据"一直线经过属于该平面的一点，且平行于属于该平面的另一直线"的条件作图，如图 3-32（b）所示。

经过属于平面的任一点 C（c，c'），作直线 CD（cd，c'd'）平行于已知直线 AB（ab，a'b'），则直线 CD 必属平面 △ABC。

2）取属于平面的点

点从属于平面的条件是：若点属于一直线，直线属于一平面，则该点必属于该平面。

因此，在取属于平面的点时，首先应取属于平面的线，再取属于该线的点。

如图 3-32（a）所示，在属于 △ABC 平面的直线 MN 上取一点 K 的作图法。由于 MN ∈ △ABC，又因 K∈MN，所以根据点属于直线的特性可知，k'∈m'n'，如图 3-32（a）所示，再过 k' 作 OX 轴的垂线，交 mn 于 k，则 k 和 k' 即为平面 △ABC 内点 K 的两面投影。

例 4　已知属于 △ABC 平面的点 E 的正面投影 e' 和点 F 的正面投影 f'，试求它们的另一面投影，如图 3-33（a）所示。

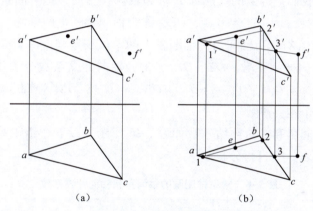

图 3-33　属于平面的点

分析　因为点 E、F 属于 △ABC 平面，故过 E、F 各作一条属于 △ABC 平面的直线，则点 E、F 的两个投影必属于相应直线的同面投影。

作图，如图 3-33（b）所示：① 过点 E 作直线 ⅠⅡ 平行 AB，即过点 e' 作 1'2'∥a'b'，再求出水平投影 12；然后过点 e' 作 OX 轴的垂线与 12 相交，交点即为点 E 的水平投影 e；② 过点 F 和定点 A 作直线，即过点 f' 作直线的正面投影 f'a'，f'a' 交 b'c' 于 3'，再求出水平投影 3；③ 然后过点 f' 作 OX 轴的垂线与 a3 的延长线相交，交点即为点 F 的水平投影 f。

2. 轴测图

视图是按正投影法绘制的，每个视图只能反映其二维形状，缺乏立体感。轴测图是用平行投影法绘制的单面投影图，简称轴测图。轴测图能同时反映物体长、宽、高三个方向的形状，在机械制图中常用作辅助图样。

1）轴测图的形成

将空间物体连同确定其位置的直角坐标系，沿不平行于任一坐标平面的方向，用平行投影法投射在某一选定的单一投影面上所得到的具有立体感的图形，称为轴测投影图，简称轴测图，如图 3-34 所示。

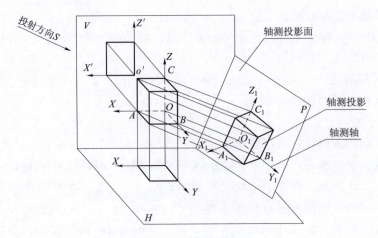

图 3-34 轴测图的形成

在轴测投影中，我们把选定的投影面 P 称为轴测投影面，把空间直角坐标轴 OX、OY、OZ 在轴测投影面上的投影 O_1X_1、O_1Y_1、O_1Z_1 称为轴测轴；把两轴测轴之间的夹角 $\angle X_1O_1Y_1$、$\angle Y_1O_1Z_1$、$\angle X_1O_1Z_1$ 称为轴间角；轴测轴上的单位长度与空间直角坐标轴上对应单位长度的比值，称为轴向伸缩系数。OX、OY、OZ 的轴向伸缩系数分别用 p、q、r 表示。例如，如图 3-34 所示，$p = O_1A_1/OA$，$q = O_1B_1/OB$，$r = O_1C_1/OC$。强调：轴间角与轴向伸缩系数是绘制轴测图的两个主要参数。

常见轴测图的轴间角和轴向伸缩系数如表 3-6 所示。以下介绍正等轴测图的内容，其他轴测图请读者参照表 3-6 自行分析。

表 3-6 常见轴测图的轴间角和轴向伸缩系数

类型	立方体图形	轴间角	轴向伸缩系数 （括号内为简化的轴向伸缩系数）
正等 轴测图	30° 30°	120° 120° 120°	0.82(1) 0.82(1) 0.82(1)
正二等 轴测图	41°25′ 7°1′	97° 131°25′ 131°25′	0.94(1) 0.94(1) 0.47(0.5)
斜二等 轴测图	45°	90° 135° 135°	1 1 0.5

2）正等测图的形成及参数

如图 3-35 所示，如果使三条坐标轴 OX、OY、OZ 对轴测投影面处于倾角都相等的位置，把物体向轴测投影面投影，这样所得到的轴测图投影就是正等测轴测图，简称正等测图。

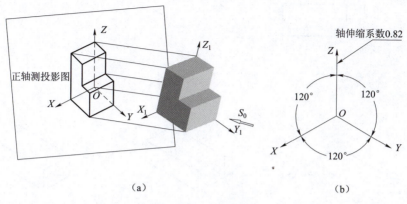

（a）   （b）

图 3-35　正等测图

如图 3-35（b）所示，正等测图的轴测轴、轴间角和轴向伸缩系数等参数及画法。从图中可以看出，正等测图的轴间角均为 120°，且三个轴向伸缩系数相等。经推证并计算可知 $p_1=q_1=r_1=0.82$。为作图简便，实际画正等测图时采用 $p_1=q_1=r_1=1$ 的简化伸缩系数画图，即沿各轴向的所有尺寸都按物体的实际长度画图。但按简化伸缩系数画出的图形比实际物体放大了 $1/0.82≈1.22$ 倍。

3）长方体的正等测图

分析：根据长方体的特点，选择其中一个角顶点作为空间直角坐标系原点，并以过该角顶点的三条棱线为坐标轴，先画出轴测轴，然后用各顶点的坐标分别定出长方体的八个顶点的轴测投影，依次连接各顶点即可。

作图方法与步骤如图 3-36 所示：

（1）先在正投影图上定出原点和坐标轴的位置。我们选定右侧后下方的顶点为原点，经过原点的三条棱线为 OX、OY、OZ 轴，如图 3-36（a）所示；

（2）画出轴测轴 O_1X_1、O_1Y_1、O_1Z_1，如图 3-36（b）所示；

（3）在 O_1X_1 轴上量取长方体的长度 a，在 O_1Y_1 轴上量取长方体的宽度 b，画出长方体底面的轴测投影，如图 3-36（c）所示；

（4）过底面各顶点向上作 O_1Z_1 的平行线，在各线上量取长方体的高度 h，得到顶面上各点并依次连接，得长方体顶面的轴测投影如图 3-36（d）所示；

（5）擦去多余的图线并描深，即得到长方体的正等测图，图 3-36（e）所示。

4）正六棱柱体的正等测图

分析：由于正六棱柱前后、左右对称，为了减少不必要的作图线，从顶面开始作图比较方便，故选择顶面的中点作为空间直角坐标系原点，棱柱的中心线作为 OZ 轴，顶面的两条对称线作为 OX、OY 轴。然后用各顶点的坐标分别定出正六棱柱的各个顶点的轴测投影，依次连接各顶点即可。

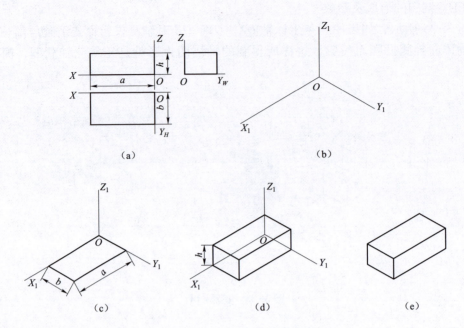

图 3-36 长方体的正等测图

作图方法与步骤如图 3-37 所示：

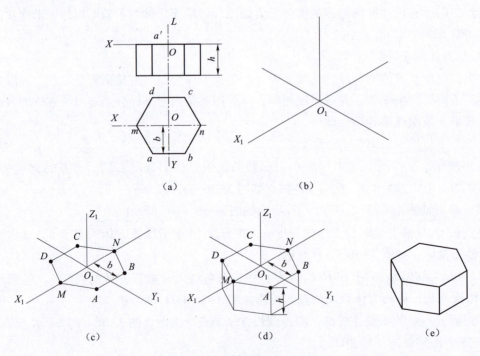

图 3-37 正六棱柱的正等测图

（1）选定直角坐标系，以正六棱柱顶面的中点为原点（坐标系原点可以任定，但应注意对于不同位置原点，顶面和底面各顶点的坐标不同），如图 3-37（a）所示；

(2) 画出轴测轴 O_1X_1、O_1Y_1、O_1Z_1；

(3) 在 O_1X_1 轴上量取 O_1M、O_1N，使 $O_1M=Om$、$O_2N=On$，在 O_1Y_2 轴上以尺寸 b 来确定 A、B、C、D 各点，依次连接六点即得顶面正六边形的轴测投影，如图3-37（c）所示；

(4) 过顶面正六边形各点向下作 O_1Z_1 的平行线，在各线上量取高度 h，得到底面上各点并依次连接，得底面正六边形的轴测投影，如图2-37（d）所示；

(5) 擦去多余的图线并描深，即得到的正六棱柱体正等测图，如图3-37（e）所示。

5）圆的正等测图

用"四心法"作圆的正等测图，"四心法"画椭圆就是用四段圆弧代替椭圆。下面以平行于 H 面（即 XOY 坐标面）的圆为例，如图3-38所示，说明圆的正等测图的画法。

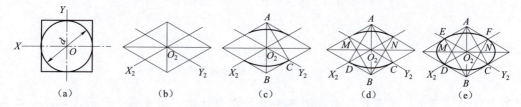

图3-38　圆的正轴测图画法

其作图方法见本教材第2章"知识拓展　椭圆的画法"图2-25。

6）圆柱和圆台的正等测图

如图3-39所示，作图时，先分别作出其顶面和底面的椭圆，再作其公切线即可。

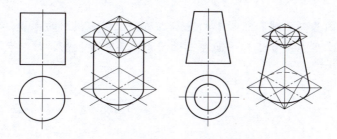

图3-39　圆柱和圆台的正等测图画法

先导案例解决

投影分正投影和中心投影，我们平常看到物体的投影属于中心，它不能反映物体的真实尺寸，只能反映物体的轮廓。我们通常采用正投影来反映物体的形状和真实尺寸。例如正三棱锥，如图3-40（a）所示，我们通过正投影，从三个方向进行投射，生成其二维的平面图形，如图3-40（b）所示来反映其形状和尺寸。

生产学习经验

1. 建立投影法的概念，掌握正投影法的基本原理和正投影的基本性质；
2. 掌握三视图的形成及"三等"规律，并能运用正投影法绘制简单立体的三视图；

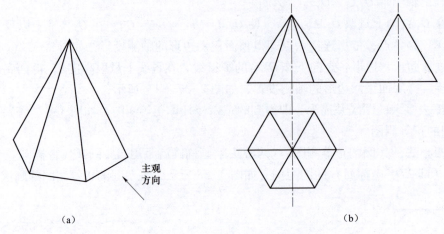

图 3-40　正六棱锥及其三视图
（a）正六棱锥；（b）正六棱锥三视图

3. 掌握点、直线、平面在三面投影体系中的投影特性，在直线、平面上取点以及在平面上取直线的作图方法；

4. 掌握几何体的投影特性，在几何体表面取点、线的作图方法。

本章小结

掌握正投影法的基本原理和正投影的基本性质，理解三视图的形成过程并能把握三视图之间的三等关系；掌握点、直线、平面在三面投影体系中的投影特性。利用正投影法能够绘制简单立体的三视图。

 思考题

想一想：在我们的生产实习中如何表达一个零件形状尺寸？

第 4 章

立体表面交线

> **本章知识点**

1. 掌握平面立体和曲面立体截交线的画法；
2. 掌握联轴器的画法；
3. 了解相贯线的画法；
4. 掌握圆柱-圆柱正交相贯线的画法。

> **先导案例**

上一章我们学习了基本几何体的画法，但在工程实际中，零件往往不会是简单的基本几何体，而是经过一定的切割或叠加，如联轴器（图4-1所示）或管接头（图4-2所示），那我们应该怎么来绘制这些零件的三视图呢？它们和基本几何体有什么联系吗？

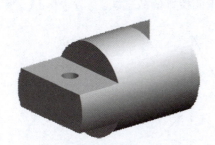

图 4-1　联轴器

图 4-2　管接头

基本几何体是组成零件最基本的结构，无论多复杂的零件，都会和基本几何体有一定的联系。上图的联轴器和管接头是基本几何体通过何种方式变化而成的，是这一章要研究的内容。

4.1　联轴器的画法

4.1.1　截交线的概念与性质

当立体被平面截断成两部分时，其中任何一部分均称为截断体，用来截切立体的平面称为截平面，截平面与立体表面的交线称为截交线，如图4-3所示。截交线具有以下两个性质：

（1）封闭性　由于任何立体都有一定的范围，所以截交线一定是闭合的平面图形，如图4-3所示；

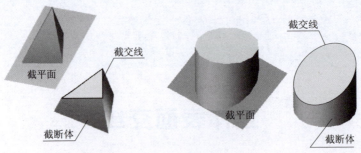

图 4-3 截交线

（2）共有性 截交线是截平面与立体表面的共有线。

由于截交线是截平面与立体表面的共有线，截交线上的点，必定是截平面与立体表面的共有点。因此，求截交线的问题，实质上归结为求截平面与立体表面的全部共有点的集合。

4.1.2 截交线的画法

4.1.2.1 平面立体的截交线

平面立体的表面是平面图形，因此平面与平面立体的截交线为封闭的平面多边形。多边形的各个顶点是截平面与立体的棱线或底边的交点，多边形的各条边是截平面与平面立体表面的交线。

求平面立体截交线的方法：求截平面与平面立体上被截各棱的交点或截平面与立体表面的交线，然后依次连接各点所得。

例 1 如图 4-4（a）所示，求作正垂面 P 斜切正四棱锥的截交线。

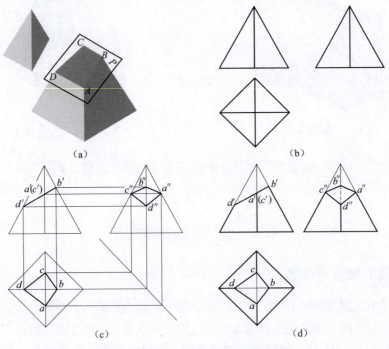

图 4-4 正四棱锥截交线作图步骤

分析：截平面与棱锥的四条棱线相交，可判定截交线为四边形，其四个顶点是截平面分别与四条棱线的交点。因此，只要求出截交线的四个顶点在各投影面上的投影，然后依次连接顶点的同面投影，即得截交线的投影。

作图：

（1）绘制未切割正四棱锥的三视图，如图 4-4（b）所示；

（2）首先绘制截平面的主视图，因为 P 为正垂面，其主视图积聚成斜线，与四棱锥四条棱线分别相交于 A、B、C、D 点，在主视图上表示出来后，利用直线上点的作图方法，在相应视图上求得交点的各面投影，将各面投影点依次相连，得截交线投影，如图 4-4（c）所示；

（3）整理轮廓线判别可见性并加粗，如图 4-4（d）所示。注意：左视图不可见棱线的投影。

例 2 如图 4-5（a）所示，正三棱锥带切口，已知它的正面投影，求其另两面投影。

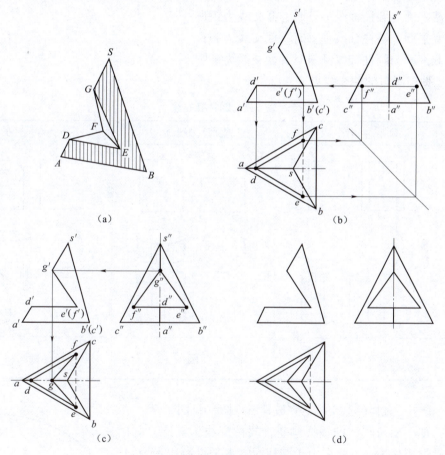

图 4-5　正三棱锥截交线作图步骤

分析：该正三棱锥的切口是由两个相交的截平面切割而形成。两个截平面一个是水平面，一个是正垂面，它们都垂直于正面，因此切口的正面投影具有积聚性。水平截面与三棱锥的底面平行，因此它与棱面△SAB 和△SAC 的交线 DE、DF 必分别平行于底边 AB 和 AC，水平截面的侧面投影积聚成一条直线，正垂截面分别与棱面△SAB 和△SAC 交于直线 GE、GF。由于两个截平面都垂直于正面，所以两截平面的交线一定是正垂线，作出以上交线的投影即可得出所求投影。

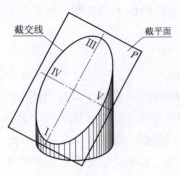

图 4-6 曲面立体截交线

4.1.2.2 曲面立体的截交线

根据截交线的共有性，求曲面立体的截交线，就是求截平面与曲面立体表面的共有点的投影，然后把各点的同名投影依次光滑连接起来；当截平面或曲面立体的表面垂直于某一投影面时，则截交线在该投影面上的投影具有积聚性，可直接利用面上取点的方法作图。

本节以圆柱为主要载体，介绍曲面立体截交线的画法，如图 4-6 所示。

根据截平面与圆柱轴线的相对位置不同，圆柱的截交线有三种不同的形状，即：

（1）截平面与圆柱轴线平行时，截交线为矩形；
（2）截平面与圆柱轴线垂直时，截交线为圆；
（3）截平面与圆柱轴线倾斜时，截交线为椭圆。

上述三种情况时的截交线见表 4-1。

表 4-1 圆柱截交线

截面的位置	与圆柱轴线平行	与圆柱轴线垂直	与圆柱轴线倾斜
投影图与直观图			
截交线的形状	矩形	圆	椭圆

例 3 分析圆柱体的截交线，完成其三视图（见图 4-7）。

分析：截平面与圆柱的轴线倾斜，故截交线为椭圆。此椭圆的正面投影积聚为一直线。由于圆柱面的水平投影积聚为圆，而椭圆位于圆柱面上，故椭圆的水平投影与圆柱面水平投影重合，椭圆的侧面投影是它的类似形，仍为椭圆，可根据投影规律由正面投影和水平投影求出侧面投影。

作图：

（1）求特殊点（特殊位置素线上的共有点）由图 4-7 可知，最低点 A、最高点 B 是椭圆长轴的两端点，也是位于圆柱

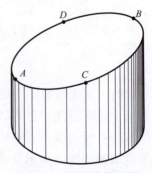

图 4-7 圆柱体截交线

最左、最右转向素线上的点，最前点 C、最后点 D 是椭圆短轴两端点，也是位于圆柱最前、最后转向素线上的点。A、B、C、D 的正面投影和水平投影可利用积聚性直接作出，然后由正面投影 a′、b′、c′、d′ 和水平投影 a、b、c、d 作出侧面投影，a″、b″、c″、d″，如图 4-8（a）所示；

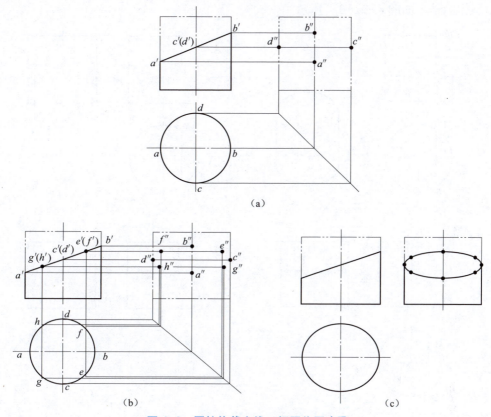

图 4-8 圆柱体截交线三视图作图步骤

（2）求一般点 为了准确作图，还必须在特殊点之间作出适当数量的中间点，如 E、F、G、H 各点。可先作出它们的水平投影 e、f、g、h 和正面投影 e′、f′、g′、h′，再作出侧面投影 e″、f″、g″、h″ 如图 4-8（b）所示；

（3）依次光滑连接 a″、e″、c″、g″、b″、h″、d″、f″、a″，即为所求截交线椭圆的侧面投影并描深。补齐圆柱体其余轮廓线如图 4-8（c）所示。

例 4 求作切口圆柱体的侧面投影（见图 4-9（a））。

分析：圆柱切口由水平面 P 和侧平面 Q 切割而成。如图 4-9（a）所示，由于截平面 P 与圆柱轴线垂直，所以产生的交线应该是圆，但由于截平面 P 未能将圆柱体一分为二，故截交线是一段圆弧，其正面投影是一段水平线（积聚在 p′ 上），水平投影是一段圆弧（积聚在圆柱的水平投影上）；截平面 P 与 Q 的交线是一条正垂线 BD，其正面投影 b′d′，积聚成点，水平投影 bd 重合于侧平面 Q 的积聚投影 q 上。由截平面 Q 所产生的交线是两段铅垂线 AB 和 CD（圆柱面上两段素线）。它们的正面投影 a′b′ 与 c′d′，积聚在 q′ 上，水平投影分别为圆周上两个点 a 与 b、c 与 d。Q 面与圆柱顶面的交线是一条正垂线 AC，其正面投影 a′c′，积聚成点，水平投影 ac 与 bd 重合，也积聚在 q 上。

作图：

（1）由 p' 向右引投影连线，再从俯视图上量取宽度定出 b''、d''（图4-9（b））；

（2）由 b''、d'' 分别向上作竖线与顶面交于 a''、c''，即得由截平面 Q 所产生的截交线 AB、CD 的侧面投影 $a''b''$、$c''d''$，如图4-9（c）所示；

（3）作图结果如图4-9（d）所示。

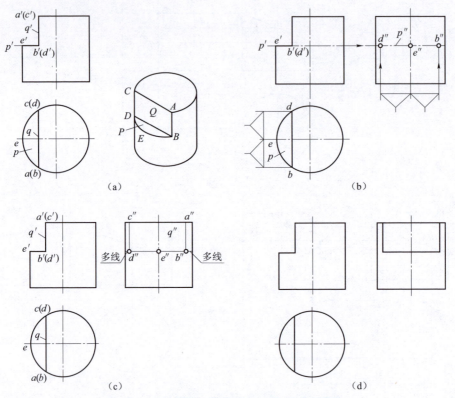

图4-9　求作带切口圆柱的侧面投影绘图步骤

例5　圆柱开槽的三视图画法（见图4-10）

分析：圆柱体被两个侧平面和一个水平面切割出直槽，两个侧平面与圆柱截交线为矩形，水平面与圆柱的截交线为圆弧。

作图（步骤见图4-11）：

（1）先画出完整圆柱的三视图；

图4-10　圆柱的开槽

（2）画出槽的正面和水平投影。主视图中，槽的两侧面和底面分别为侧平面和水平面，其投影都积聚成直线，俯视图中，槽的两侧面仍然积聚为两直线，底面投影反映实形，两段圆弧重合在圆周上，底面与两侧面的交线分别重合在两侧面的积聚投影上；

（3）画槽的侧面投影，一个截平面一个截平面地绘制，两侧面的侧面投影反映实形——矩形，底面投影积聚为直线；

（4）整理判断可见性并描深。左视图中，圆柱体的最前和最后素线由于开槽使得 C 点和 D 点以上的部分不可见，侧面和底面交线 CD 段不可见。

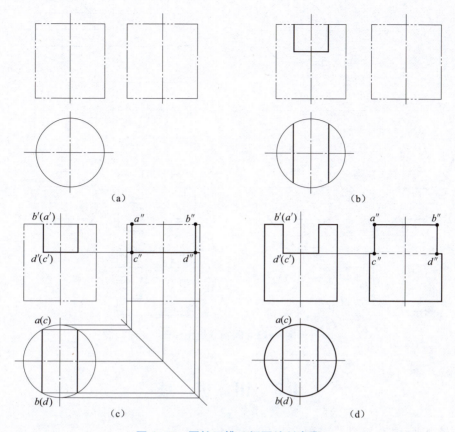

图 4-11　圆柱开槽三视图绘制步骤

4.1.3　联轴器画法

联轴器基本形体为圆柱体，它由圆柱开槽切割以后所形成，因此，要正确绘制联轴器的三视图，必须在掌握圆柱截交线画法的基础上进行。

联轴器三视图如图 4-12 所示，作图步骤见图 4-13。

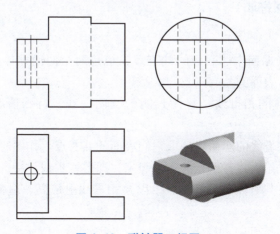

图 4-12　联轴器三视图

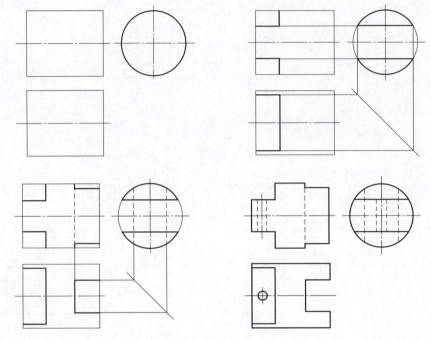

图 4-13 联轴器绘图步骤

4.2 相 贯 线

两立体相交称为相贯,表面产生的交线称为相贯线。两立体相贯一般有 3 种形式:平面立体与平面立体相贯、平面立体与回转体相贯和回转体与回转体相贯。在实际零件上经常会遇到两回转体表面的相贯线,如在圆柱面钻圆孔,该孔与圆柱体表面交线(图 4-14),本节主要介绍两圆柱体相交的情况。

4.2.1 相贯线的几何性质

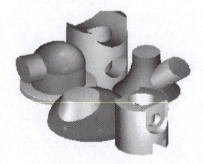

图 4-14 相贯线实体示例

相贯线的性质:

(1) 相贯线是两个曲面立体表面的共有线,也是两个曲面立体表面的分界线,相贯线上的点是两个曲面立体表面的共有点。

(2) 两个曲面立体的相贯线一般为封闭的空间曲线,特殊情况下可能是平面曲线或直线。

求两个曲面立体相贯线的实质就是求它们表面的共有点。作图时,依次求出特殊点和一般点,判别其可见性,然后将各点光滑连接起来,即得相贯线。特殊点一般是指回转体转向素线上的点,相贯线在其对称平面上的点,以及相贯线上最高、最低、最左、最右、最前、最后点等。

4.2.2 相贯线的画法

根据相贯线的性质（1），两圆柱体相交的相贯线是两个圆柱面的共有线，相贯线上的所有点都是两个圆柱表面的共有点。相贯线的画法就是通过求一系列两圆柱面上的共有点，然后将这些点光滑连接起来。共有点包括特殊点和一般点，特殊点是指相贯线上的最前点（Ⅲ点）和最左点（Ⅰ点）等，一般点指一般位置的点（Ⅱ、Ⅳ点），如图 4-15 所示。

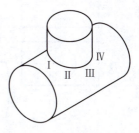

图 4-15 相贯线上特殊点

两圆柱体相贯根据相交两圆柱轴线相对位置不同相贯线有所不同，相交两圆柱轴线相对位置变化时相贯线的情况见表 4-2。

表 4-2 相交两圆柱轴线相对位置变化时对相贯线的影响

两轴线垂直相交（正交）	两轴线垂直交叉	两轴线平行

例 6：如图 4-16（a）所示，求作两正交异径圆柱相贯线的投影。

分析：两圆柱轴线垂直相交，有共同的前后对称面和左右对称面，根据相贯线性质可知相贯线为一条封闭的空间曲线，且前后对称和左右对称。如图可知，大圆柱的轴线垂直 W 面，该圆柱面的侧面投影积聚为圆；小圆柱体的轴线垂直 H 面，该圆柱面的水平投影积聚为圆，而相贯线是两圆柱面的共有交线，则可利用积聚性来绘制相贯线的投影，相贯线的水平投影重合在小圆柱的水平投影圆上，侧面投影重合在大圆柱的侧面投影的一段圆弧上，如图 4-16（b）所示，因此我们只需要求作相贯线的正面投影即可，即采用在圆柱表面取点的方法，作出相贯线上的一些特殊点和一般点的投影，再一次连接成相贯线的投影。

作图：

作特殊点，在相贯线的水平投影上，找出相贯线的特殊点：最前点 1、最后点 2、最左点 3、最右点 4 的投影，再在侧面投影上相应地作出侧面投影 1″、2″、3″、4″。由点投影规

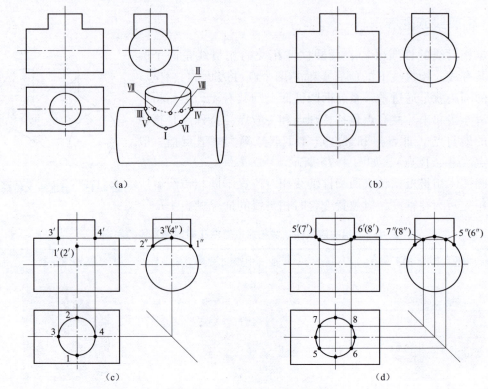

图 4-16 正交圆柱相贯线画法

律"长对正、宽相等、高平齐",相应的作出正面投影 1′、2′、3′、4′,如图 4-16(c)所示。

作一般点,用辅助平面法在大圆柱体上作一个水平面与相贯线相交于 5、6、7、8 点,根据水平面投影积聚性,可作出交点的侧面投影 5″、6″、7″、8″、9″,随后根据圆柱表面点的积聚性和投影特性,可作出水平面投影 5、6、7、8,最终可根据投影规律求出点的正面投影 5′、6′、7′、8′。对正面投影而言,前半相贯线上的正面投影 3′、5′、1′、6′、4′可见,而后半相贯线的投影 7′、2′、8′不可见,并与前半相贯线的可见投影重合,依次连接各点得相贯线正面投影,如图 4-16(d)所示。

从例题可以看出,两正交异径圆柱的相贯线正面投影形状近似为圆弧,当两相交圆柱的直径相差越大,越接近圆弧,若对相贯线精度要求不高时,也可采用近似画法。

相贯线近似画法:采用圆心+半径画圆弧的方法。以 3′ 为圆心,以相贯两圆柱中直径较大圆柱的半径 R 为半径画圆弧,圆弧与小圆柱轴线相交于 $o′$,如图 4-17(a)所示;以 $o′$ 为圆心,以 R 为半径画弧,所得圆弧用来代替相贯线,如图 4-17(b)所示。

两圆柱正交是物体上常见的,它们的相贯线有 3 种基本形式:外表面与外表面相贯、外表面与内表面相贯和两内表面相贯,如图 4-18 所示。在这三种情况下,相贯线的形状和作图方法是一样。

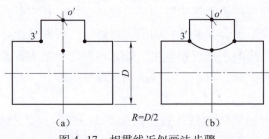

图 4-17 相贯线近似画法步骤

第 4 章　立体表面交线

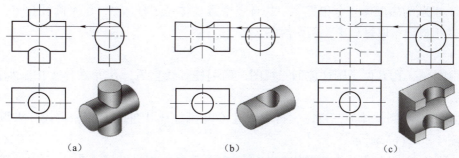

图 4-18　正交两圆柱的三种形式

（a）两外表面相交；（b）外表面与内表面相交；（c）两内表面相交

两圆柱正交时，相贯线的形状取决于它们直径的相对大小，表 4-3 表示圆柱直径变化时，相贯线的变化趋势。

表 4-3　圆柱直径变化相贯线的变化趋势

两圆柱直径相差较大	两圆柱直径相差较小	两圆柱等径

从表中可以看出，当正交两圆柱存在直径差时，相贯线向大圆柱一侧弯曲。

例 7：分析如图 4-19（a）所示形体的相贯线，完成其三视图。

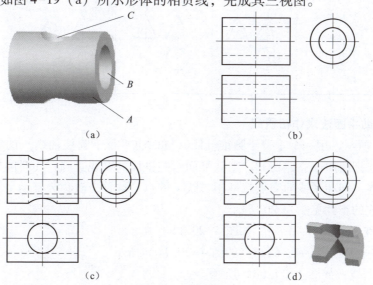

图 4-19　相贯线示例

分析：本题为多形体复合相贯。一共有三个圆柱体：圆柱体 A，水平圆柱孔 B、垂直圆柱孔 C。在相贯线求取过程中，两两绘制。

作图：

先绘制体 A、孔 B 两个圆柱体的三视图，两圆柱轴线重后，孔 B 在体 A 中，如图 4-19（b）所示。

其次画出孔 C 圆柱体的三视图，再求取孔 C 与圆柱体 A 外表面的相贯线。求取方法见例 6，如图 4-19（c）所示。

最后还要绘制两个圆孔的相贯线。由于两内孔等径，相贯线属于表 4-3 中的第三种形式，如图 4-19（d）所示。

知识拓展

1. 圆锥的截交线

根据截平面与圆锥轴线的相对位置的不同，圆锥的截交线有以下五种情况，如表 4-4 所示。

表 4-4　圆锥截交线的形状

截平面位置	垂直于圆锥轴线	通过锥顶	平行于圆锥轴线	倾斜于圆锥轴线	平行于圆锥一条素线
截交线	圆	直线	双曲线	椭圆	抛物线
立体图					
投影图					

2. 利用辅助平面法求作相贯线

如图 4-20 所示，用一个垂直于圆锥轴线（同时也平行于圆柱轴线）的辅助平面，在相贯线的范围内，把两曲面立体切开，则截平面对圆锥体的交线是圆，而对圆柱体的交线则是两条平行的素线。圆和素线的交点就是相贯线上的点，这种方法称为辅助平面法。用辅助平面法求作相贯线的步骤见图 4-20 所示。

（1）找特殊点：1、3、5、7，如图 4-20（b）所示；

（2）求作一般点：2、4、6、8，如图 4-20（c）所示；

（3）连接图线：如图 4-20（d）所示。

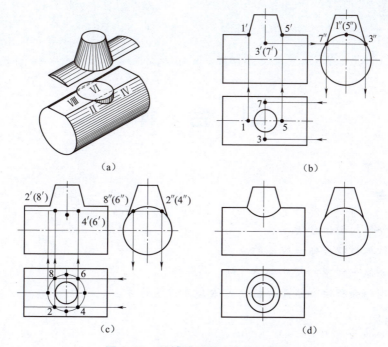

图 4-20 用辅助平面法求作相贯线
（a）分析；（b）作特殊点；（c）作一般点；（d）光滑连线

先导案例解决

联轴器可以看成是由切割后的圆柱体加圆孔组成，绘制其三视图的时候，可以采取先绘制圆柱体的截交线，后绘制圆孔投影，并求取两圆柱的相贯线，管接头可看成是一些正六棱柱体、圆锥体中先切去圆柱孔，然后组合而成。

生产学习经验

1. 利用投影的积聚性求截交线；
2. 不等径两正交圆柱的相贯线向直径大圆柱面弯折。

本章小结

本章重点熟练掌握圆柱体截交线的作图方法；利用立体投影的积聚性求作两个圆柱体相贯的相贯线的画法。相贯线上特殊点的确定是本章难点。这部分知识是今后学习组合体的基础。

思考题

想一想：在我们的日常生活中遇到的零件哪些有截交线和相贯线？尝试绘制其投影图。

第 5 章

组 合 体

▶ 本章知识点

1. 掌握组合体的形体分析方法；
2. 掌握三种类型组合体三视图的画法；
3. 掌握组合体三视图的尺寸标注方法；
4. 掌握用形体分析法和线面分析法看组合体视图的方法。

▶ 先导案例

在工业实际中，单一的基本几何体零件很少，大部分零件都是由基本几何体按照一定的组合方法组合而成，如轴承座（如图 5-1 所示）和切割体（如图 5-2 所示）就是由多个基本几何体组合而成的形体，那么，这些零件由哪些基本几何体组成？按什么方法组合而成？如何绘制它的三视图呢？

图 5-1 轴承座

图 5-2 切割体

组合体是由两个或两个以上基本几何体组成的形体。如图 5-1 所示的轴承座和如图 5-2 所示的切割体均可以认为是由各型棱柱体、圆柱体经过叠加和切割而成的。下面我们就学习这些零件由哪些基本几何体组成，组合的形式有哪些。

5.1 组合体的形体分析

5.1.1 组合体的组合形式

5.1.1.1 组合体的概念

任何复杂的形体，都可以看成是由一些基本几何体按一定的连接方式组合而成的。由两个或两个以上的基本几何体组合而成的形体称为组合体。

5.1.1.2 组合体的形体分析法

所谓形体分析法，就是将组合体按照其组成方式分解为若干基本形体，以便搞清楚各基本形体的形状、它们之间的相对位置以及表面间的连接关系，这种分析方法称为形体分析法。形体分析法是解决组合体问题的基本方法。在画图、读图和标注组合体尺寸的过程中，常常要运用形体分析法。

5.1.1.3 组合体的组合形式

组合体的组合形式有叠加和切割两种基本形式，而常见的是这两种形式的综合，如图 5-3 所示。

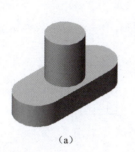 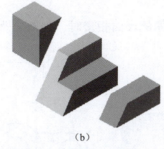 

图 5-3 组合体组合形式

（a）叠加式；（b）切割式；（c）综合式

当基本几何体组合在一起时，各形体相邻表面之间按其表面形状和相对位置不同，连接关系可分为：平齐、不平齐、相交和相切四种情况。连接关系不同，连接处投影的画法也不相同。

（1）平齐 当相邻两个形体的表面平齐时，中间不应有线隔开，如图 5-4、图 5-6 前面部分所示；

（2）不平齐 当相邻两个形体的表面不平齐时，中间应该有线隔开，如图 5-5、图 5-6 后面部分所示；

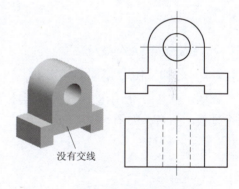

图 5-4 表面平齐

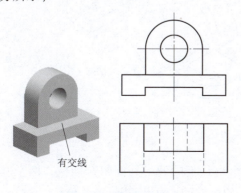

图 5-5 表面不平齐

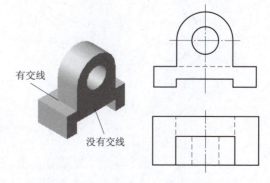

图 5-6 表面前面平齐，后面不平齐

（3）相切　当相邻两个形体的表面相切时，由于在相切处两表面是光滑过渡的，所以在相切处不应画线，如图 5-7 所示；

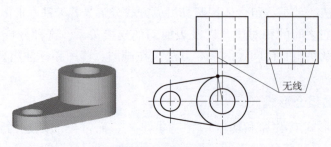

图 5-7　表面相切

（4）相交　当相邻两个形体的表面相交时，在相交处应画出交线，如图 5-8 所示。

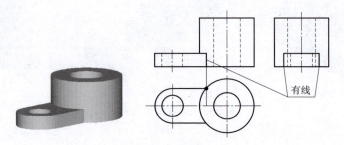

图 5-8　表面相交

5.1.2　组合体的形体分析

5.1.2.1　叠加式组合体的形体分析

如图 5-9（a）所示支座，根据形体特点，可将其分解为：两个直径不同的半圆筒底座、两个耳板、凸台，如图 5-9（b）所示。

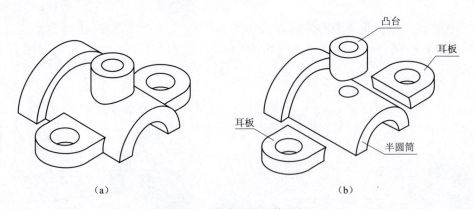

图 5-9　支座及其形体分析

从图 5-9（a）可看出：半圆筒的底座是由两个直径不同的半圆筒组合而成，两个耳板与半圆筒外形相交，凸台与半圆筒轴线垂直相交，两圆柱的通孔相连通。

5.1.2.2 切割型组合体的形体分析

如图 5-10（a）所示导向块，由长方体经过切割而形成，如图 5-10（b）所示。

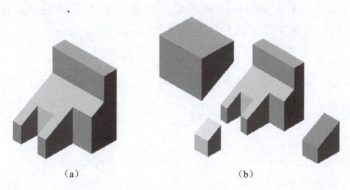

图 5-10 导向块

5.2 组合体三视图的画法及标注

5.2.1 叠加型组合体三视图的画法
5.2.1.1 形体分析

以图 5-11 所示支座为例，根据形体特点，可将其分解为五部分：底板、空心圆柱体、凸台、耳板和肋板，这五部分的位置及连接关系分别是：底板的前、后两侧面与圆柱体相切，肋板的底面与底板的顶面叠加，肋板与耳板的侧面均与圆柱体相交，凸台与圆柱体轴线垂直相交，两圆柱的通孔连通。

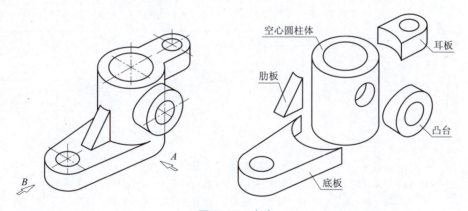

图 5-11 支座

5.2.1.2 选择主视图

如图 5-11 所示，将支座按自然位置安放后，比较箭头所示两个投射方向，选择 A 向作为主视图的投射方向显然比 B 向好，因为组成支座的基本形体及它们之间的相对位置关系在此方向表达最清晰，能反映支座的整体结构形状特征。

5.2.1.3 画图步骤

选好适当的比例和图纸幅面，然后确定视图位置，画出各视图主要中心线和基线。运用形体分析法，从主要的形体（如圆柱体）着手，并按各基本形体的相对位置以及表面连接关系，逐个画出它们的三视图，具体作图步骤如图 5-12 所示。

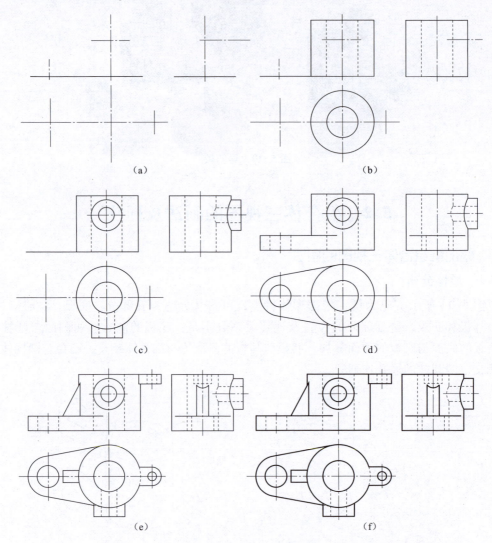

图 5-12 支座的画图步骤

(a) 画各视图的主要中心线和基准线；(b) 画主要形体直立空心圆柱体；(c) 画凸台；
(d) 画底板；(e) 画肋板和耳板；(f) 检查并擦去多余作图线，描深

画组合体的三视图应注意以下几点：

(1) 运用形体分析法，逐个画出各部分基本形体，同一形体的三视图应按投影关系同时画出，而不是先画完组合体的一个视图后，再画另一个视图，这样可以减少投影作图错误，也能提高绘图速度；

(2) 画每一部分基本形体时，应先画反映该部分形状特征的视图，例如圆筒、底板以及耳板等都是在俯视图上反映它们的形状特征，所以应先画俯视图，再画主、左视图；

（3）完成各基本形体的三视图后，应检查形体间表面连接处的投影是否正确，并对视图进行综合整理。例如底板前后侧面与圆柱表面相切，底板的顶面轮廓线在主视图上应画到切点处；凸台与圆筒垂直相交在左视图上要画出内、外相贯线；耳板前、后侧面与圆筒表面相交，要画出交线，并且耳板顶面与圆筒顶面是共面，不画分界线，但应画出耳板底面与圆柱面的交线（细虚线）。

5.2.2 切割型组合体三视图的画法

以导向块（如图 5-13 所示）为例，讲解切割型组合体三视图的画法。

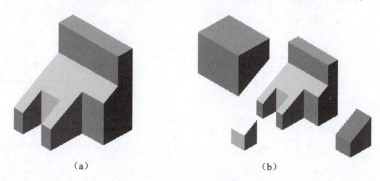

图 5-13 导向块

如图 5-13 所示的形体，可看成是长方体经若干次切割而形成的。

由作图可知，画切割型组合体的关键在于求截平面与物体表面的交线，以及截平面之间的交线。

总之，画切割型组合体的视图时，要通过形体分析，首先搞清各相邻表面之间的连接关系、相对位置关系，然后选择适当的表达方案，按正确作图方法和步骤画图。

作图步骤如图 5-14 所示：

（1）先画完整基本体的投影；

（2）然后逐个画出各被切部分的投影（注意分析截平面的空间位置，截断面的形状及投影特征）。

如图 5-13 所示导向块可看作由长方体被切而形成。

（1）画出完整长方体的投影，如图 5-14（a）；

（2）画出左上方被一个正垂面和一个侧平面截切后的投影，如图 5-14（b）；

（3）完成左前方被一个正平面和一个侧平面截切后缺口的投影，如图 5-14（c）；

（4）完成左方被两个正平面和一个侧平面开槽部分的投影，最后检查，描深，如图 5-14（d）。

例1 如图 5-15 所示组合体可看作由长方体切去基本形体Ⅰ、Ⅱ、Ⅲ而形成。切割型组合体视图的画法可在形体分析的基础上，结合线面分析法作图。

所谓线面分析法，是根据形体表面的投影特征来分析组合体各表面的空间位置、形状和面与面的相对位置来进行画图和读图的方法。

画切割型组合体的作图过程，如图 5-15（b）、（c）、（d）所示。

画切割体三视图时应注意以下几点：

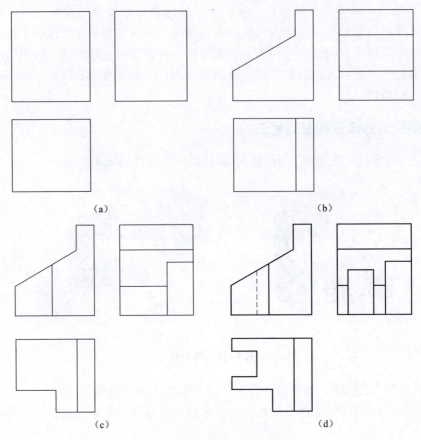

图 5-14 导向块的画图步骤

（1）作每个切口投影时，应先从反映形体特征轮廓、且具有积聚性投影的视图开始，再按投影关系画出其他视图。例如第一次切割时，如图 5-15（b）所示，先画切口的主视图，再画出俯、左视图中的图线；第二次切割时，如图 5-15（c）所示，先而圆槽的俯视图，再画出主、左视图中的图线；第三次切割时，如图 5-15（d）所示，先画梯形槽的左视图，再画出主、俯视图中的图线；

（2）注意切口截面投影的类似性，如图 5-15（d）中的梯形槽与斜面 P 相交而形成的截面，其水平投影 p 与侧面投影 p'' 应为类似形。

5.2.3 组合体的尺寸标注

组合体尺寸标注的基本要求是：正确、完整、清晰和合理。正确是指符合国家标准，完整是指标注尺寸既不遗漏，也不多余；清晰是指尺寸注写布局整齐、清楚，便于看图；合理是指标注的尺寸符合加工和检验要求。本章着重讨论如何使尺寸标注完整和清晰。

5.2.3.1 基本体的尺寸标注

要掌握组合体的尺寸标注，必须熟悉和掌握基本体的尺寸标注。基本体的大小通常由长、宽、高三个方向的尺寸来确定。

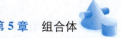

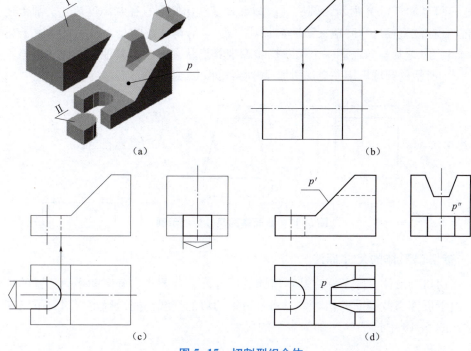

图 5-15 切割型组合体

(a) 立体图；(b) 切去形体Ⅰ；(c) 切去形体Ⅱ；(d) 切去形体Ⅲ，并描深

1) 平面体

平面体的尺寸应根据其具体形状进行标注。如图 5-16（a），应注出正三棱柱的底面尺寸和高度尺寸。对于如图 5-16（b）所示的正六棱柱，在标注了高度之后，底面尺寸有两种注法，一种是注出正六棱柱的对角线尺寸（外接圆直径），另一种是注出正六棱柱的对边尺寸（内切圆直径，通常也称扳手尺寸），常用的是后一种注法，而将对角线尺寸作为参考尺寸所以加上括号。如图 5-16（c）所示正五棱柱的底面为正五边形，在标注了高度尺寸之后，底面尺寸只需要标注其外接圆直径。如图 5-16（d）所示四棱台必须注出上、下底的长、宽尺寸和高度尺寸。

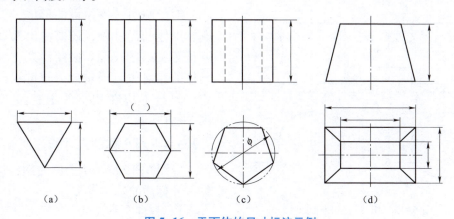

图 5-16 平面体的尺寸标注示例

2）曲面体

如图 5-17（a）、(b) 所示，圆柱（或圆锥）应注出底圆直径和高度尺寸，圆台还要注出顶圆直径。在标注直径尺寸时应在数字前加注"φ"。值得注意的是，当完整标注了圆柱（圆锥）、圆球的尺寸之后，只需用一个视图就能确定其形状和大小，其他视图通常省略不画。如图 5-17（c）所示的圆球只用一个视图加尺寸标注即可，圆球在直径数字前应加注"Sφ"。

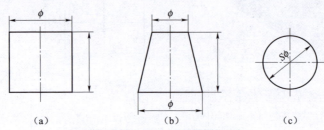

图 5-17　曲面体的尺寸标注示例

5.2.3.2　带切口形体的尺寸标注

对于带切口的形体，除了标注基本形体的尺寸外，还要注出确定截平面位置的尺寸。必须注意，由于形体与截平面的相对位置确定后，切口的交线已完全确定，因此不应在交线上标注尺寸，图 5-18 中打"×"的为多余的尺寸。

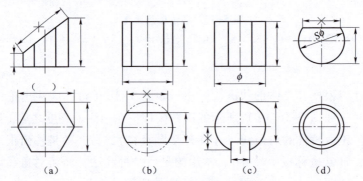

图 5-18　带切口形体的尺寸标注

5.2.3.3　相贯体的尺寸标注

对于两回转体相贯的形体，除了标注基本形体的尺寸外，还要注出两回转体相互位置关系的尺寸。必须注意，由于两回转体的相对位置确定后，相贯线已完全确定，因此不应在相贯线上标注尺寸，如图 5-19 所示。

5.2.3.4　组合体的尺寸标注

以图 5-19 所示组合体为例，说明组合体尺寸标注的基本方法。

1）标注三类尺寸

要使尺寸标注完整，既不遗漏，也不

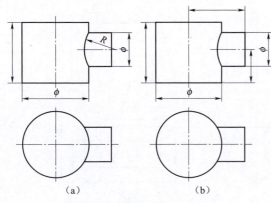

图 5-19　相贯线的尺寸标注
(a) 错误；(b) 正确

重复，通常标注三类尺寸，应先按形体分析的方法注出各基本形体的大小尺寸，再确定它们之间的相对位置尺寸，最后根据组合体的结构特点注出总体尺寸。

（1）定形尺寸——确定组合体中各基本形体大小的尺寸，如图 5-20（a）所示。

底板：长、宽、高尺寸（40，24，8），底板上圆孔和圆角尺寸（2×ϕ6，R6）。

必须注意，相同的圆孔 ϕ6 要注写数量，如 2×ϕ6，但相同的圆角 R6 不注数量，两者都不必重复标注。

竖板：长、宽、高尺寸（R10，8，12），圆柱凸台直径和厚度尺寸（ϕ10，5）。

（2）定位尺寸——确定组合体中各基本形体之间相对位置的尺寸，如图 5-20（b）所示。标注定位尺寸时，必须在长、宽、高三个方向分别选定尺寸基准，每个方向至少有一个尺寸基准，以便确定各基本形体在各方向上的相对位置。通常选择组合体的对称平面、回转轴线以及较大的底面或端面等作为尺寸基准。如图 5-20（b）所示，组合体的左右对称平面为长度方向尺寸基准，后端面为宽度方向尺寸基准，底面为高度方向尺寸基准（图中用符号▼表示基准位置）。

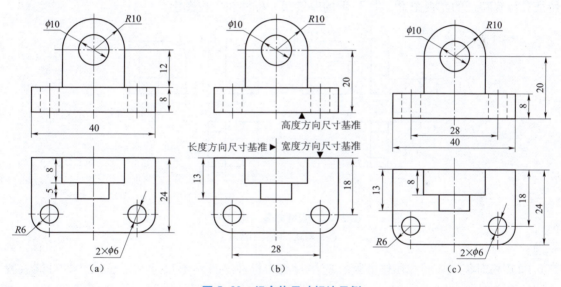

图 5-20　组合体尺寸标注示例
（a）定形尺寸；（b）定位尺寸；（c）总体尺寸

由长度方向尺寸基准注出底板上两圆孔的定位尺寸 28（对称结构注全长）；由宽度方向尺寸基准注出底板上圆孔与后端面的定位尺寸 18，竖板后面与后端面重合，其定位尺寸为 0；由高度方向尺寸基准注出竖板上圆柱凸台与底板的定位尺寸 20。

（3）总体尺寸——确定组合体在长、宽、高三个方向的总长、总宽和总高的尺寸，即 40、24、20 和 R10，总体尺寸如与定形尺寸重合，则不须重复标注。如图 5-20（c）所示，该组合体的总长和总宽尺寸即底板的长 40 和宽 24，不再重复标注，总高尺寸 30 应从高度方向尺寸基准注出，但由于总高尺寸的上极限位置处是 R10 的圆弧，根据规定，当组合体的一端（或两端）为回转体时，通常不以轮廓线为界标注其总体尺寸，如图 5-21 所示拱形结构，其总高尺寸由定位尺寸 20 和定形尺寸 R10 间接确定，不能直接标注出总高尺寸。

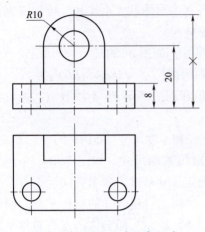

图 5-21 不注尺寸总高尺寸

但是，有时为了满足加工要求，既注总体尺寸，又注定形尺寸，如图 5-20（c）中底板两个角的 1/4 圆柱，长度方向要注出两孔轴线间的定位尺寸 28 和 1/4 圆柱面的定形尺寸 R6，宽度方向要注出孔轴线距宽度方向基准（组合体后面）的定位尺寸 18 和 1/4 圆柱面的定形尺寸 R6，还要标注总长总宽的尺寸 40 和 24。

2）尺寸清晰

为了便于看图，标注尺寸应排列适当、整齐、清晰。为此，标注尺寸时要注意以下几点：

（1）突出特征　将定形尺寸标注在形体特征明显的视图上，定位尺寸标注在位置特征明显的视图上。如图 5-22（a）所示，将左前方的缺口尺寸及其定位尺寸标注在反映其形状和位置特征的俯视图上，上方的两个缺角，其尺寸标注在反映其形状特征和位置特征的左视图上，"L" 形的厚度尺寸标注在主视图上。

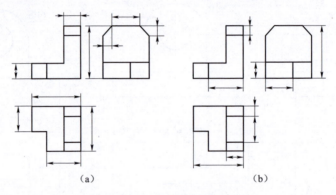

图 5-22　尺寸布置清晰（一）

(a) 清晰；(b) 不清晰

（2）相对集中　同一形体的尺寸应尽量集中标注，且定形尺寸和定位尺寸尽可能放置在同一个视图上。如图 5-23（a）所示为带方槽的圆柱体的尺寸注法，圆柱体定形尺寸、方槽定形尺寸及方槽的定位尺寸都放置在主视图上。

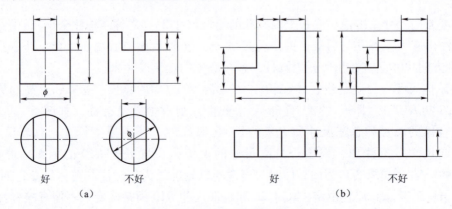

图 5-23　尺寸布置清晰（二）

（3）布局清晰　尺寸排列要整齐、清楚。尺寸尽量标注在两个相关视图之间和视图的外面，如图 5-23（b）所示。

（4）排列整齐　同一方向的串联尺寸，箭头对齐，不要错开，如图 5-23（b）所示；对于并联尺寸，应根据尺寸的大小，大尺寸在外、小尺寸在内，依次排列，尽量避免尺寸线与尺寸线、尺寸界线、轮廓线相交，如图 5-24（a）、（b）所示。

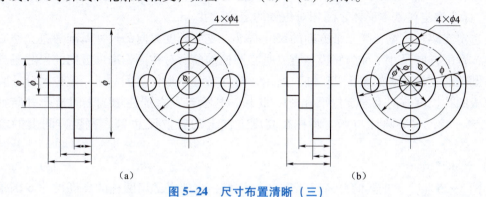

图 5-24　尺寸布置清晰（三）
(a) 好；(b) 不好

（5）对于同心圆的直径尺寸，最好标注在非圆的视图上，如图 5-24（a）所示。

例 2　如图 5-25 所示，标注支架尺寸。

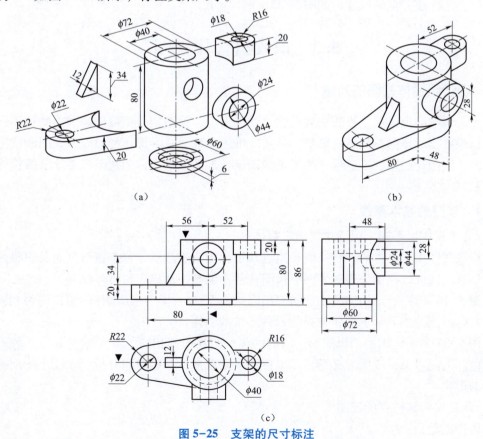

图 5-25　支架的尺寸标注
(a) 支架的定形尺寸分析；(b) 支架的定位尺寸分析；(c) 支架的尺寸标注齐全

1）逐个注出各基本形体的定形尺寸

将支架分解为六个基本形体，分别标注其定形尺寸。这些尺寸应标注在哪个视图上，要根据具体情况而定。如直立圆柱的尺寸 80 和 $\phi 40$ 可分别标注在主、俯视图上，但 $\phi 72$ 在主视图上标注不清楚，所以标注在左视图上。底板的尺寸 $\phi 22$ 和 $R22$ 标注在俯视图上最适当，而厚度尺寸 20 只能注在主视图上。其余各部分尺寸请读者对照轴测分解图自行分析。

2）标注确定各基本形体之间相对位置的定位尺寸

先选定支架长、宽、高三个方向的尺寸基准。支架长度方向的尺寸基准为直立空心圆柱的轴线，宽度方向尺寸基准为底板与直立空心圆柱的前后对称面，高度方向的尺寸基准为直立空心圆柱的上表面。如图 5-25（b）所示，标注各基本形体之间的五个定位尺寸：直立圆柱与底板圆孔长度方向上的定位尺寸 80；肋板、耳板与直立圆柱轴线之间长度方向上的定位尺寸 56、52；水平圆柱与直立圆柱在高度方向上的定位尺寸 28，宽度方向上的定位尺寸 48。

3）总体尺寸

如图 5-25（c），支架的总高尺寸为 86（注意：支架底部扁圆柱的高度尺寸 6 因重复标注而省去）。总长和总宽尺寸则由于组合体的端部为同轴的圆柱和圆孔（底板左端和耳板右端），有了定位尺寸后，一般不再标注其总体尺寸，所以标注了定位尺寸 80、52，以及圆弧半径 $R22$、$R16$，则不再标注总长尺寸，同样在左视图上标注了定位尺寸 48，则不再标注总宽尺寸。支架标注齐全的尺寸，如图 5-25（c）所示。

5.3　识读组合体视图

5.3.1　识读组合体视图的方法

画图是将空间形体用正投影法表示在二维平面上，读图则是根据已经画出的视图，通过投影分析想象出物体的空间结构形状，是从二维图形建立三维形体的过程，画图和读图是相辅相成的，读图是画图的逆过程。为了正确而迅速地读懂组合体的视图，必须掌握读图的基本要领和基本方法。

5.3.1.1　读图的基本要领

1）几个视图联系起来识读才能确定物体形状

在机械图样中，机件的形状一般是通过几个视图来表达的，每个视图只能反映机件一个方向的形状。因此，仅由一个或者两个视图往往不能唯一地确定机件形状。

如图 5-26（a）所示物体的主视图都相同，图 5-26（b）所示物体的俯视图都相同，但实际上六组视图分别表示了形状各异的六种形状的物体。

如图 5-27 所示给出的三组图形，它们的主、俯视图都相同，但实际上也是三种不同形状的物体。由此可见，读图时必须将几个视图联系起来，互相对照分析，才能正确地想象出该物体的形状。

2）从反映形体特征的视图入手

形体特征是指：

（1）能清楚表达物体形状特征的视图，称为形状特征视图。一般主视图能较多反映组

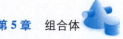

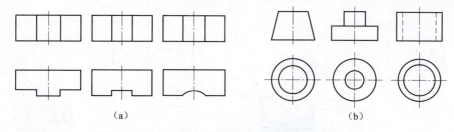

图 5-26 两个视图联系起来看才能确定物体的形状

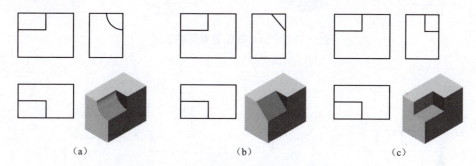

图 5-27 三个视图联系起来看才能确定物体的形状

合体的整体形体特征,所以读图时常从主视图入手,但组合体各部分的形体特征不一定都集中在主视图上,如图 5-28 所示支架,由三部分叠加而成,主视图反映竖板的形状和底板、肋板的相对位置,但底板和肋板的形状则在俯、左视图上反映。因此,读图时必须找出能反映各部分形状特征的视图,再配合其他视图,就能快速、准确地想象出该组合体的空间形状。

(2)能清楚表达构成组合体的各基本形体之间的相互位置关系的视图,称为位置特征视图。如图 5-29 所示的两个物体,主视图中的线框Ⅰ内的小

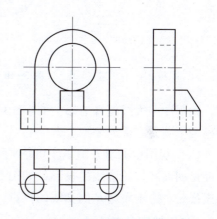

图 5-28 分析反映形体特征视图

线框Ⅱ、Ⅲ,它们的形状特征很明显,但相对位置不清楚。若线框内有小线框,表示物体上不同位置的两个表面。对照俯视图可看出,圆形和矩形线框中一个是孔,另一个向前凸出,并不能确定哪个形体是孔,哪个形体向前凸出? 只有对照主、左视图识读才能确定。

3)理解视图中线框和图线的含义

(1)视图中的一个封闭线框,通常都是物体上一个表面(平面或曲面)的投影。如图 5-30 所示,主视图中有四个封闭线框,对照俯视图可知,线框 a'、b'、c' 分别是六棱柱前面三个棱面的投影,线框 d' 则是圆柱体前半圆柱面的投影。

(2)相邻两线框,则表示物体上位置不同的两个表面,如图 5-30(a)所示主视图中的 b' 线框与左面的 c' 线框以及右面的 a' 线框是相交的两个表面;a' 线框与 d' 线框是相邻的两个表面,对照俯视图,六棱柱前面的棱面 B 在圆柱面 D 之前。

(3)大线框中含有小线框表示在大形体上凸出或凹下一个小形体。如图 5-30(a)所

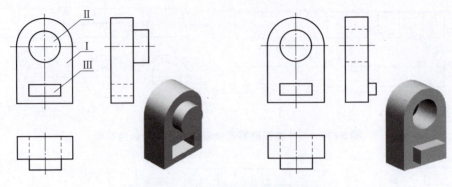

图 5-29 分析反映位置特征的视图

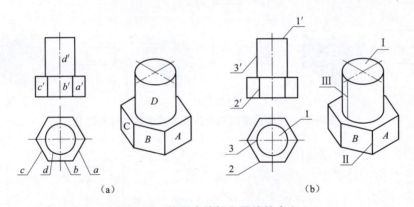

图 5-30 视图中线框和图线的含义

示,俯视图中大线框六边形中的小线框圆,就是六棱柱与圆柱的投影。对照主视图分析,六棱柱在下圆柱在上。

(4) 视图中的每条图线,可能是立体表面有积聚性的投影,或两平面交线的投影,也可能是曲面转向轮廓线的投影。如图 5-30(b)所示,主视图中的 1′ 是圆柱顶面有积聚性的投影,2′ 是 A 面与 B 面交线的投影,3′ 是圆柱面转向轮廓线的投影。

5.3.1.2 读图的基本方法

读图的基本方法与画图一样,主要也是运用形体分析法。对于形状比较复杂的组合体,在运用形体分析法的同时,还常用线面分析法来帮助想象和读懂不易看明白的局部形状。

运用形体分析法读图时,首先用"分线框、对投影"的方法,分析构成组合体的各基本形体,找出反映每个基本形体的形体特征的视图,对照其他视图想象出各基本形体的形状;再分析各基本形体间的相对位置、组合形式和表面连接关系,综合想象出组合体的整体形状。

例 3 读懂图 5-31(a)所示组合体的三视图,想象出物体的形状。

读图步骤

(1) 分析视图抓特征 从反映形体特征明显的主视图入手,对照主、俯、左视图,分析构成组合体各形体的结构形状。如俯视图的矩形线框应联系主视图分析,因为俯视图显示

第 5 章　组合体

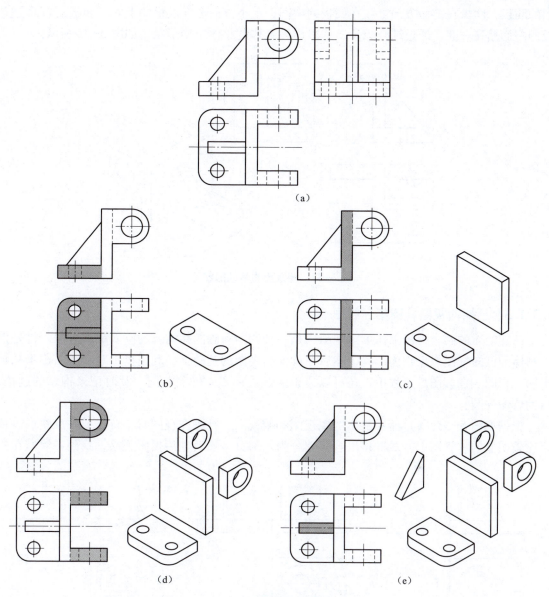

图 5-31　读图过程的形体分析
(a) 组合体视图；(b) 底板；(c) 立板；(d) 耳板 (e) 肋板

其圆角和圆孔；右上角的 U 形线框必须联系俯视图来看清其厚度；而左边中间的三角形线框应联系俯视图，才能知道其放置的位置。

（2）分析形体对投影　经过对构成组合体的四个部分的形状特征初步分析，再按投影关系，分别对照各形体在三视图中的投影，想象它们的形状，分析对照过程如图 5-31 (b) ~ (e) 所示。

（3）综合起来想整体　在读懂组合体各部分形体的基础上，进一步分析各部分形体间的相对位置和表面连接关系。该组合体的底部是一个带圆角和两个圆孔的方形板，右边一块长方体的立板，立板的前后与底板的前后、右面与底板的右面分别平齐，立板右上角有两个耳板，耳板上面与立板的上面平齐，两耳板的前后分别与立板的前后平齐，左边有一个三角

77

形的肋板，肋板在前后方向上放在底板的中间，上下方向放在底板的上面，肋板的右面与立板的左面贴在一起。通过综合想象，构思出组合体的整体结构形状，如图 5-32 所示。

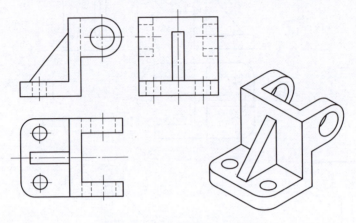

图 5-32 想象出物体的形状

5.3.1.3　已知两视图补画第三视图

已知物体的两个视图求作第三视图，是一种读图和画图相结合的有效训练方法。首先根据物体的已知视图想象物体形状，然后在读懂两视图的基础上，利用投影对应关系逐步补画出第三视图。在读图的过程中，还可以边想象、边徒手画轴测草图，及时记录构思的过程，帮助读懂视图。

根据如图 5-33（a）所示给出的主视图和俯视图，补画左视图时，首先要在反映形体特征比较明显的主视图上按线框将组合体划分为三部分。然后利用投影关系，找到各线框在俯

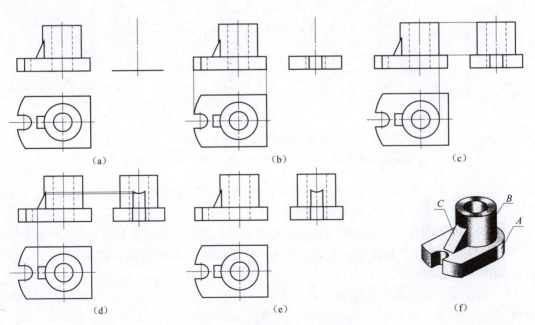

图 5-33　运用形体分析法读图

（a）题图；（b）补画底板的左视图；（c）补画圆筒的左视图；（d）补画肋板的左视图；（e）整理；（f）轴测图

视图中与之对应的投影,从而分析各部分的形状以及他们之间的相对位置,逐个补画各形体的左视图,最后综合想象组合体的整体形状。想象和补画左视图的过程如图5-33(b)~(f)所示。

例4 已知支撑的主、左视图,想象出它的形状,补画俯视图,如图5-34所示。

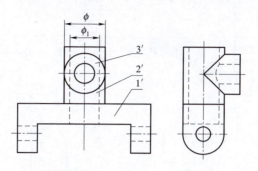

图5-34 支撑的主、左视图

分析:

将主视图中的图形划分为三个封闭线框,看作是构成该组合体的三个基本形体的正面投影。1′是下部槽形线框,2′是上部矩形线框,3′是圆形线框(线框中还有小圆线框)。在左视图中找到与之对应的图形,分别想象出它们的形状,再分析它们的相对位置,从而想象出整体形状,补画支撑的俯视图。

作图:

(1) 在主视图上分离出矩形线框1′,由主、左视图对照分析,可想象出它是一块⌐⌐形底板,中间有一圆柱孔,左右两侧有带圆孔的下端为半圆形的耳板,画出底板的俯视图如图5-35(a)所示。

(2) 在主视图上分离出上部的矩形线框2′,因为在图5-34中注有直径ϕ和ϕ_1对照左视图可知,这是轴线垂直于水平面的圆柱体,中间有向下穿通底板的圆孔,圆柱与底板前后端面相切,补画圆柱体的俯视图如图5-35(b)所示。

(3) 在主视图中分离出圆形线框3′,对照左视图也是一个中间有圆柱孔的轴线垂直于正面的圆柱体,其直径与垂直于水平面的圆柱体直径相同,而孔的直径比铅垂的圆孔小,它们的轴线垂直相交,且都平行于侧面,画出水平圆柱体的俯视图如图5-35(c)所示。

(4) 根据底板和两个圆柱体的形状以及它们的相对位置,可想象出支撑的整体形状,如图5-35(d)所示的轴测图,并按轴测图校核补画的俯视图是否正确。

例5 已知组合体主、左视图,如图5-36(a)所示,补画俯视图。

根据主、左视图的外轮廓可初步判断该组合体是一个综合型的组合体,由两部分组成,前半部分是半圆柱被切割后形成的,后半部分是一个带圆角、圆孔的长方体。可采用形体分析,结合线面分析,从整体到局部进行思考,想象出它的形状,然后补画俯视图。

1) 形体分析

如图5-36(a)所示,由组合体主视图的外形轮廓对照左视图的外形轮廓及其中的虚线,可想象出该组合体是由被切割的半个圆筒和切了二个圆孔的长方体组合而成。

后半部分的长方体Ⅰ不难想象出形状,它和一个圆筒组成如图5-36(b)所示的形体。

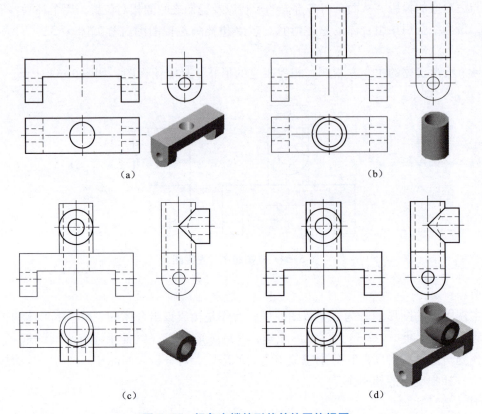

图 5-35 想象支撑的形状并补画俯视图

(a) 想象和画出底板"Ⅰ"；(b) 想象和画出圆柱体"Ⅱ"；(c) 画出水平圆柱"Ⅲ"的俯视图；(d) 想象整体形状

主视图上部一条水平线对应左视图中的水平线，不难理解为半圆筒上部被水平面切去一块。需要进一步分析的是主视图中的两条斜线。

2）线面分析

如图 5-36（a）所示，主视图中有三个相邻线框 2′、3′、4′，2′线框的左视图在"高平齐"的投影范围内没有对应的类似形，只能对应左视图中最前面的直线 2″，所以 2′线框是组合体上一正平面的投影，主视图中反映其实形。主视图上左右对称的 3′、4′两线框，同样在左视图中对应直线 3″、4″，所以Ⅲ、Ⅳ两平面也是正平面，主视图中反映它们的实形。从左视图可判断，Ⅱ面在前，Ⅲ、Ⅳ面在后。

如图 5-36（a）所示，再分析左视图中的 6″、7″线框，6″线框的主视图在"高平齐"投影范围内没有对应的类似形，只能对应两段大圆弧，所以Ⅵ面是圆柱面。7″线框对应主视图中两条斜线，所以 7″线框是正垂面的投影，其空间形状为该线框的类似形。

从 3′、4′、6″三个线框的空间位置可知，该半圆柱筒的左、右两边对称地各切去一扇形平板，切割的深度可从左视图上确定。通过以上形体和线面分析，综合想象出组合体的整体形状，如图 5-36（c）所示，是一个左右对称的由半个圆筒切割而成的组合体。

3）补画俯视图

根据组合体的整体和局部形状，补画俯视图。首先画出后面的长方体，切去两孔，再画出半圆柱筒的原形轮廓（矩形和两条虚线），再画被水平面切去一块后在俯视图中的图线

第 5 章 组合体

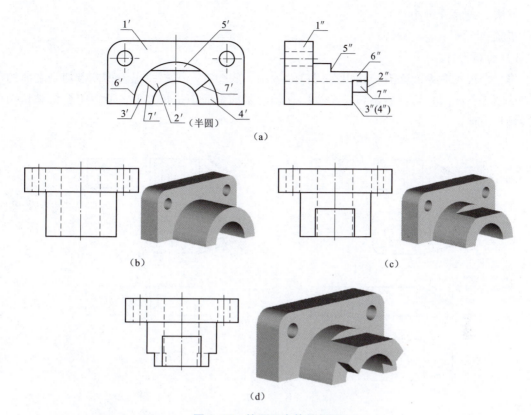

图 5-36 补画组合体俯视图
(a) 已知主视图和左视图；(b) Ⅰ与Ⅱ叠起来画；(c) 画切去的Ⅴ；(d) 画切去的Ⅲ和Ⅳ

（两条平行轴线的正垂线），最后按"长对正、宽相等"，补画和修改左、右切去两个扇形块后在俯视图中的图线。画出的俯视图如图 5-36（d）所示。

4）检查验证

根据补画的俯视图，三视图对照想象出的组合体的整体形状如图 5-36（d）所示的轴测图，并检查验证是否正确。由于切去两个扇形块，所以俯视图前面两个角以及圆孔前面两段虚线不存在了，如图 5-36（d）所示。圆柱面Ⅵ（左右对称）的水平投影与侧面投影是类似形，正垂面Ⅶ（左右对称）的水平投影与侧面投影也是类似形。经检查验证，画出的俯视图是正确的。

知识拓展

线面分析法读组合体视图

运用线面分析法读图时，应将视图中的每一个线框看作物体上的一个面（平面或曲面）的投影，利用投影关系，在其他视图上找到对应的图形，分析每一面的投影特性，确定这些面的形状，再弄清面面的相对位置，从而想象出物体的整体形状。

与画切割型组合体三视图一样，线面分析法主要用于形体被多个面切割时的识读。

下面以图 5-37 所示三视图为例，说明用线面分析法读图的具体方法和步骤。

方法：线面分析法

步骤：

1) 分析形体

将三个视图联系起来看，找出有切口的视图，假想补全视图，想象物体被切割之前的形状。从图5-37（a）可以看出，三个视图在被切割前都应该是长方形，所以组合体被切割前应该是长方体。

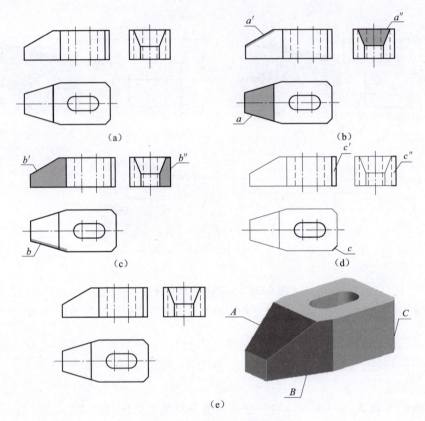

图5-37 线面分析法读图

(a) 组合体的三面视图；(b) A为正垂面；(c) B为铅垂面；(d) 开槽及倒角；(e) 整体形状

2) 线面分析

对应每一处切口，分析物体被切割所产生的交线以及截平面的形状和投影。如图5-37（a）所示，物体主视图有五个切口，俯视图有四个切口，中间开有一个通槽，而且切割物体的截平面都是投影面的垂直面。

首先从主视图可以看出物体被一个正垂面A切割。由于正垂面的正面投影积聚成线，侧面投影和水平投影应为其类似形。对应投影，可知此面的实形应为一个四边形。

从俯视图可以看出物体还被两个铅垂面B切割。由于铅垂面的水平投影积聚成线，正面投影和侧面投影应为其类似形。对应投影，可知此面的实形应为一个五边形。

从俯视图还可以看出物体的右部被两个铅垂面切割。由于铅垂面的水平积聚成线，正面投影和侧面投影应为其类似形。对应投影，可知此面是一个三角形。

从俯视图可以看出物体被两个正平面和两个铅垂半圆面切割，由于水平面投影积聚成线，可以看出在长方体的中间开了一个通槽。

3）综合想整体

确定了物体被切割的情况及每一截断面的形状后，再根据面面的相对位置，就可想象出其整体形状，如图5-37（e）所示。

从以上分析可以看出，如果只是单一平面切割物体时，切口还比较容易想象，但由于各截平面相交使交线变得复杂了，在看图时就必须依据线和面的投影规律，分析截平面的位置，确定面的投影对应关系，从而想象出切割型组合体的空间结构和形状。

先导案例解决

组合体的组合形式有三种：叠加、切割和综合，案例中的两个组合体分别由基本几何体通过三种组合方式形成。轴承座由底座、圆筒、支撑板、肋板和凸台叠加而成，底座由四棱柱与圆柱体先叠加，再切去四棱柱和圆柱体而成，支撑板由一块四棱柱由切割部分圆柱体形成，圆筒由圆柱体切割一个圆柱体而成，肋板是一个截面为五边形的棱柱体，凸台也是圆柱体中切割一个圆柱体而成；切割体是一个长方体分别被一侧垂面、两个正垂面和一个水平面切割而形成的。

生产学习经验

1. 所有的机件都是不同形状的组合体；
2. 所有的组合体都是由常见的基本几何体通过叠加、切割或综合而成；
3. 组合体的绘制和识读是绘制和识读零件图的基础，在组合体视图的基础上增加对零件的加工、检验、装配等技术要求之后就是生产中所用的零件图。

本章小结

掌握基本几何体及立体表面交线的画法是学习绘制和识读组合体三视图的前提，掌握组合体的三种组合方式是绘制和识读组合体三视图的基础，在此基础上，再对基本几何体和组合体的尺寸标注做初步的了解。本章重点是组合体三视图的绘制和识读方法，组合体三视图的识读是本章的难点，这些知识是今后学习机件表达方法的知识点，也是以后学习零件图和装配图的必要基础知识。

思考题

想一想：在我们的常见日用生活品是由哪些基本几何体，通过怎样的组合方式组合而成？

第 6 章

机件表达方法及应用

本章知识点

1. 掌握典型机件的视图画法与标注；
2. 掌握典型机件的剖视图画法与标注；
3. 掌握典型机件的断面图画法与标注；
4. 了解典型机件的其他表达方法。

先导案例

工程实际中的机件结构复杂，如图 6-1 所示的支架，外部结构比较复杂，内部结构有空腔，还有起支撑作用的肋板等，仅用学过的三视图已不能完全清晰地表达该机件的结构。

如何将如图 6-1 所示支架结构完整、清晰地表达出来，且图形最少，方便看图和标注尺寸，将是本章学习的重点。

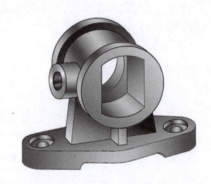

图 6-1　支架

6.1　典型机件的视图画法与标注

6.1.1　基本视图

机件向基本投影面进行正投影所得到的图形称为基本视图，视图主要用来表达机件的可见部分。

对于外部形状比较复杂的机件，仅用三视图往往不能清楚地表达它们的各个方向的形状。为此，国家标准规定：在原有三个投影面的基础上，再增设三个投影面，组成一个正六面体，该六面体的六个面称为基本投影面，机件向六个基本投影面投射所得的六个视图，称为基本视图，如图 6-2（a）所示。

基本视图的名称及投影方向、配置除了前面介绍的主视图、俯视图、左视图外，还有新增后视图——从后向前投影、仰视图——从下向上投影、右视图——从右向左投影。六个基本视图的展开过程如图 6-2（b）所示，其基本配置关系为：原有三视图位置不变，右视图在主视图正左方，仰视图在主视图的正上方，后视图在左视图的正右方，如图 6-3 所示。

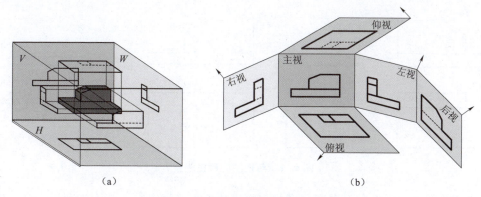

图 6-2 基本视图的形成及展开过程
（a）基本投影面及基本视图；（b）展开过程

基本视图之间仍然遵循"三等关系"："主、俯、仰、后视图长度相等，主、左、右、后视图高度相等，俯、左、右、仰视图宽度相等"。在方位关系上，以主视图为基准，除后视图外，各视图远离主视图的一侧均表示机件的前面，靠近主视图的一侧均表示机件的后面，而后视图图形的左端表示机件的右端，图形右端则表示机件的左端。在实际绘图时，应根据机件的复杂程度选用必要的基本视图，并考虑读图方便，在完整清晰地表达出机件各部分的形状、结构的前提下，视图数量应尽可能少。视图一般只画机件的可见部分，必要时才画出其不可见部分。

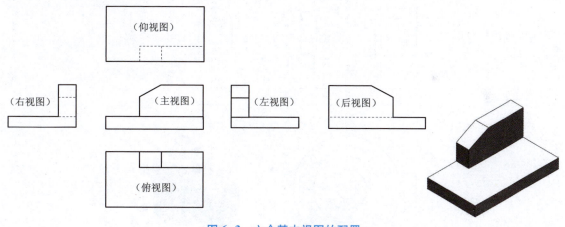

图 6-3 六个基本视图的配置

6.1.2 向视图

在实际画图时，由于考虑到各视图在图纸中的合理布局问题，如不能按如图 6-3 所示配置视图或各视图不画在同一张图纸上时，必须进行标注，一般应在其上标注大写拉丁字母，并在相应的视图附近用带有相同字母的箭头指明投影方向，此种视图称为向视图，如图 6-4 所示。向视图是指可以自由配置的基本视图。

6.1.3 局部视图

将机件的某一部分向基本投影面投影所得到的视图称为局部视图。

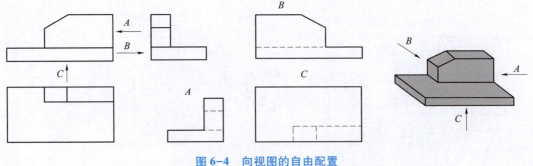

图 6-4　向视图的自由配置

当机件在某个投影方向仅有部分形状需要表达而不必画出整个基本视图时，可采用局部视图。

局部视图的画法与标注规定如下：

（1）局部视图可按基本视图的配置形式配置，也可按向视图的配置形式配置。

（2）一般应在局部视图的上方用大写拉丁字母标出视图的名称"×"，在相应的视图附近用箭头指明投影方向，并注上同样的字母，如图 6-5 所示。当局部视图按投影关系配置，中间又没有其他视图隔开时，可省略标注，如图 6-5 所示 A 视图，而 B 视图必须标注。

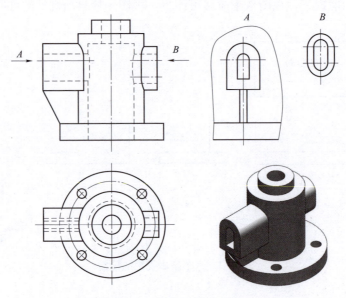

图 6-5　局部视图的表示

（3）局部视图断裂处的边界线常用波浪线表示，如图 6-5A 局部视图所示。当所表示的局部结构是完整的且外轮廓又成封闭时，不画波浪线，如图 6-5B 局部视图所示。

6.1.4　斜视图

机件向不平行于任何基本投影面的平面投影所得的视图称为斜视图。

如图 6-6（a）所示的机件右边有倾斜结构，其在基本视图上不反映实形，使画图和标注尺寸都比较困难。若选用一个平行于此倾斜部分的平面作为辅助投影面，将其向辅助投影面投影，便可得到反映倾斜结构实形的图形。

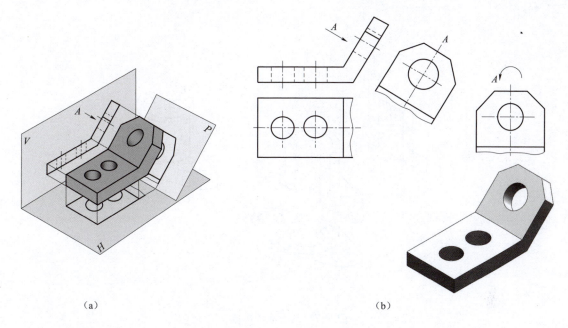

图 6-6 斜视图

斜视图的画法和标注有如下规定：

（1）必须在斜视图的上方用大写拉丁字母标出视图的名称"×"，在相应的视图附近用箭头垂直指向倾斜表面，表示投影方向，并注上同样的字母"×"，如图 6-6 所示；

（2）斜视图一般按投影关系配置，必要时也可配置在其他位置；

（3）在不致引起误解时，允许将斜视图的倾斜图形旋转配置，但必须增加标注旋转符号，如图 6-6（b）所示。标注中的旋转符号箭头指明旋转方向，表示视图名称的大写字母应靠近箭头端；

（4）画出倾斜结构的斜视图后，为简化作图，通常用波浪线将其他视图中已表达清楚的部分断开不画，如图 6-6（b）所示。

6.2 典型机件的剖视图画法与标注

当机件内部结构较复杂时，视图上势必出现许多细虚线，它们与其他图线重叠交错，使图形不清晰，给画图、看图和标注尺寸带来不便。为了将内部结构表达清楚，将不可见转换为可见，国家标准制定了剖视的表达方法。

6.2.1 剖视的概念和画法

6.2.1.1 剖视图的概念

假想用一剖切面将机件剖开，将处在观察者和剖切面之间的部分移去，将剩下的部分向投影面作正投影所得到的视图，称为剖视图，如图 6-7 所示。

用剖视图表达机件后，如图 6-8 所示，机件的内部结构从不可见变成了可见，内部结构清晰，层次分明，便于画图、看图和标注尺寸。

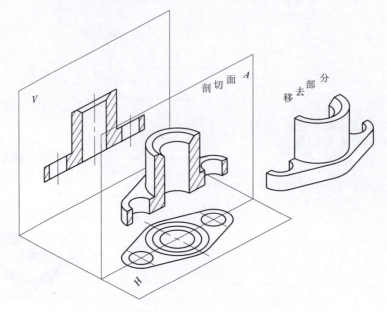

图 6-7 剖视图的形成

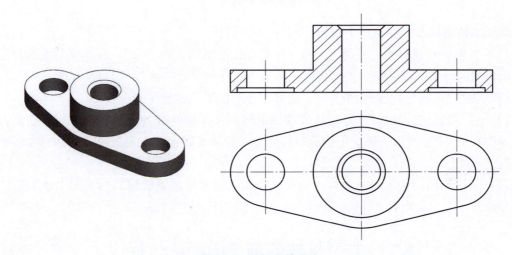

图 6-8 剖视图的画法

6.2.1.2 剖面符号

在剖视图中，剖切面与机件相交的实体剖面区域应画出剖面符号。因机件的材料不同，剖面符号也不相同。画图时应采用国家标准规定的剖面符号，常见材料的剖面符号见表 6-1。

表 6-1 剖面区域表示法

金属材料 （已有规定剖面符号者除外）		胶合板 （不分层数）	

续表

线圈绕组元件	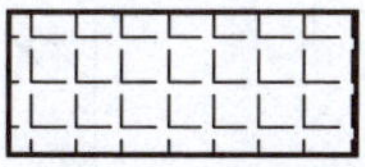	基础周围的混凝土	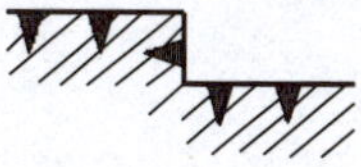
转子、电枢、变压器和电抗器等的迭钢片		混凝土	
非金属材料 已有规定剖面符号者除外		钢筋混凝土	
型砂、填砂、粉末冶金、砂轮、陶瓷刀片、硬质合金刀片等	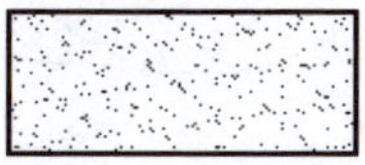	砖	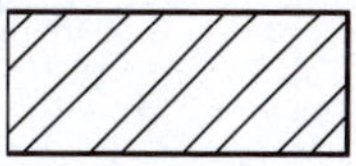
玻璃及供观察用的其他透明材料	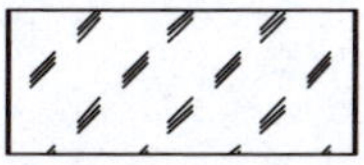	格网 （筛网、过滤网等）	
木材	 纵剖面	液体	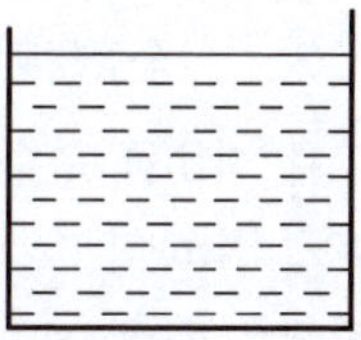
	 横剖面		

6.2.1.3 画剖视图应注意的几个问题

（1）剖切面的选择：一般都选特殊位置平面，如通过机件的对称面、轴线或中心线，使被剖切到实体的投影反映实形，有利于画图和标注尺寸；

（2）剖切是一种假想过程，没剖切的其他视图仍应完整画出；

（3）在剖切面与机件接触的部分，应绘制剖面符号。金属材料的剖面符号是倾斜 45°的细实线。当图形的主要轮廓线与水平呈 45°时，该图形的剖面线应画成与水平线成 30°或 60°的平行线，其倾斜方向仍与其他图形的剖面线一致，如图 6-9 所示；

应注意：同一机件剖面符号的方向、间距应相同；

（4）剖切面后面所有的可见部分应全部画出；

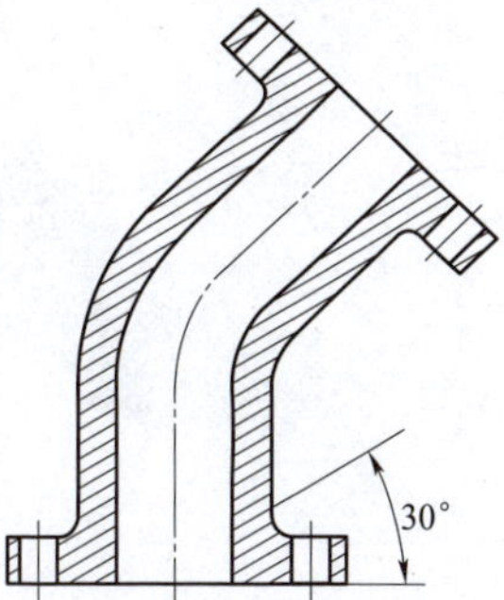

图 6-9 剖面线的角度

（5）注意细虚线的取舍：在剖视图上已经表达清楚的内部结构，其他视图上此部分结构的投影为细虚线时，其细虚线应省略不画。但没有表示清楚的结构，必须画出必要的细虚线，如图 6-10 所示。

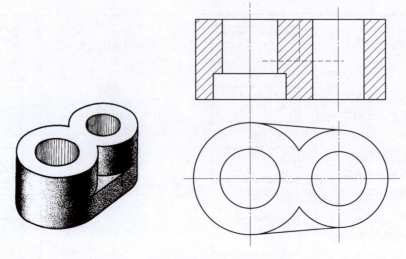

图 6-10　剖视图中必要的虚线示例

6.2.2　剖视图的种类

据剖切范围大小剖视图分为三大类：全剖视图、半剖视图、局部剖视图。

6.2.2.1　全剖视图

用剖切面完全地剖开机件所得的剖视图称为全剖视图，如图 6-11 所示。

适用范围：外形较简单，内形较复杂，而图形又不对称时，或内外结构都比较简单的对称机件，如图 6-11 所示或图 6-8 所示。

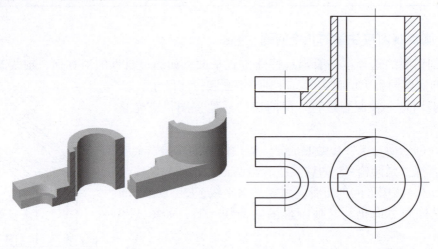

图 6-11　全剖视图

6.2.2.2　半剖视图

当机件具有中心对称平面时，在垂直于对称平面的投影面上投影所得到的图形，以对称中心线为界，一半画视图，另一半画剖视，这样组合而成的图形称为半剖视图，如图 6-12 所示，此机件的主、俯、左视图均可作剖视图，如图 6-13 所示。

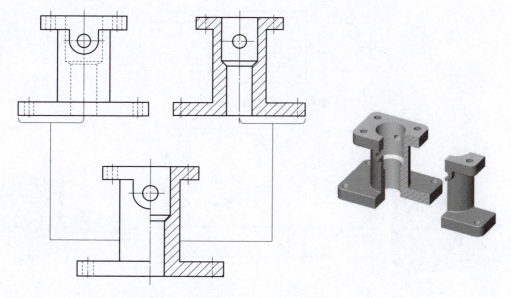

图 6-12 半剖视图的形成

适用范围：机件的内、外形都比较复杂，需要同时表达，而形状又对称或基本对称时。

6.2.2.3 局部剖视图

用剖切平面局部地剖开机件所得的剖视图称为局部剖视图，如图 6-13 中主视图所示。

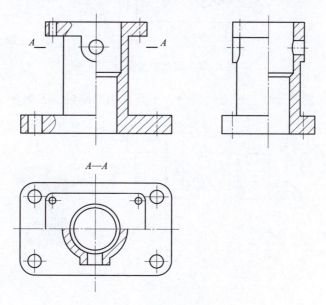

图 6-13 局部剖视图（一）

1) 适用范围

局部剖是一种较灵活的表示方法，适用范围较广。

（1）实心轴上有孔、槽时，应采用局部剖视，如图 6-14 所示；

（2）需要同时表达不对称机件的内外形状时，可以采用局部剖视如图 6-15 所示；

（3）表达机件底板、凸缘上的小孔等结构如图 6-13 所示；

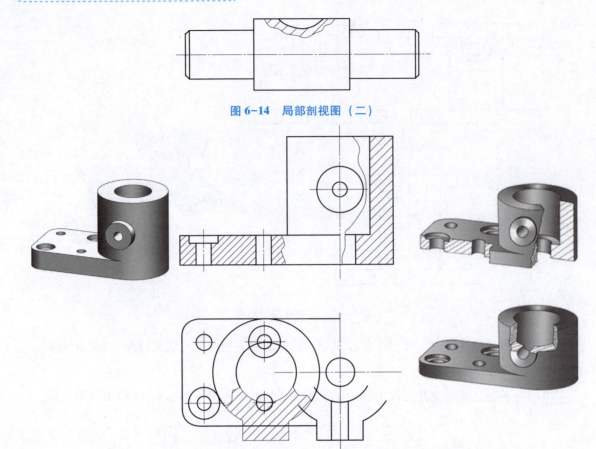

图 6-14　局部剖视图（二）

图 6-15　局部剖视图（三）

（4）当对称机件的轮廓线与中心线重合，不宜采用半剖视，如图 6-16 所示。

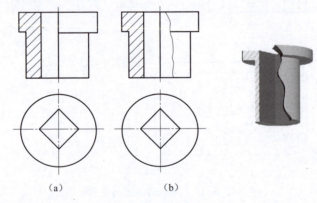

图 6-16　局部剖视图（四）
（a）错误；（b）正确

2）画局部剖视图的注意事项
（1）波浪线不能与图上的其他图线重合；
（2）波浪线不能穿空而过，也不能超出视图的轮廓线，如图 6-17 所示；

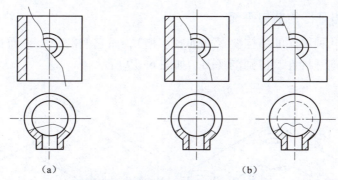

图 6-17 局部剖视图中波浪线的画法
(a) 错误；(b) 正确

（3）在一个视图中，局部剖的数量不宜过多，以免使图形过于破碎。

6.2.3 剖切面种类

由于物体的结构形状千差万别，因此在作剖切处理时，需要根据物体的结构特点，选择不同形式的剖切面，以便使物体的形状得到充分表达。根据国家标准规定，常用的剖切面有以下几种形式。

6.2.3.1 单一剖切面

仅用一个剖切面剖开机件，称为单一剖切面，简称单一剖。
（1）平行于基本投影面的单一剖，如图 6-11 所示；
（2）不平行于基本投影面的单一剖，即斜剖。

斜剖视图可按投影关系配置在与剖切符号相对应的位置，也可将剖视图平移至图纸内的适当位置。在不致引起误解时，还允许将图形旋转，但旋转后必须在标注字母的同时应标注旋转符号，注出旋转方向，如图 6-18 所示。

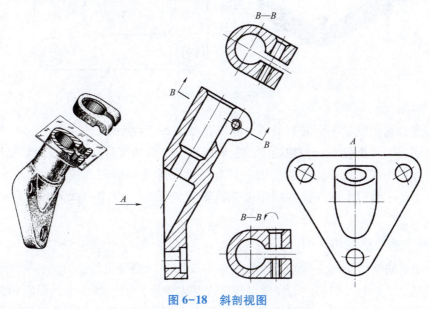

图 6-18 斜剖视图

6.2.3.2 几个互相平行的剖切平面

当机件上具有几种不同的结构要素（如孔、槽），而它们的中心平面互相平行时，可用几个平行的剖切面剖开机件、得到剖视图，如图 6-19 所示。

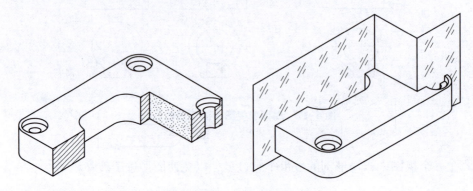

图 6-19　两个平行剖切面剖切

适用范围：当机件上的孔槽及空腔等内部结构不在同一平面内，又不具有明显的回转中心时。采用这种方法画剖视图时应注意：

（1）各剖切平面的转折处必须画出转折符号，应画成直角、对齐，且应画在空白处，如图 6-20 所示；

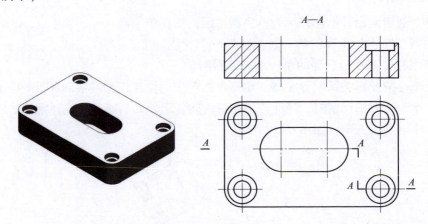

图 6-20　阶梯剖画法

（2）不允许画出剖切平面转折处的分界线，如图 6-20 所示；

（3）剖切平面转折处不应与视图中的轮廓线重合，剖切符号应尽量避免与轮廓线相交；

（4）图形中不应出现不完整的要素。只有当不同的孔、槽在剖视图中具有公共的对称中心线时，才允许剖切平面在孔、槽中心线或轴线处转折，以中心线为界，各剖一半，如图 6-21 所示。

6.2.3.3 两个相交的剖切平面

用两个相交的剖切面（交线垂直于某一基本投影面）剖开机件的方法，称为旋转剖。

在画剖视图时，为使剖切到的倾斜结构能在基本投影面上反映实形，便以相交的两剖切面的交线作轴线，将被剖切面剖开的倾斜结构及有关部分旋转到与选定的投影面平行后再进行投影,如图 6-22 所示。

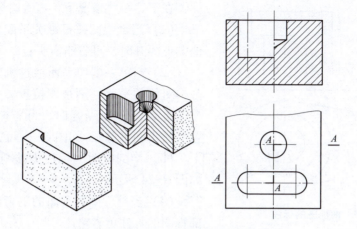

图 6-21 具有公共对称中心线的剖视图

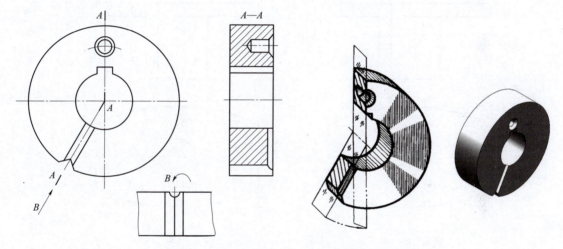

图 6-22 用几个相交的剖切平面获得的剖视图

剖视图的标注：必须用带字母的剖切符号表示出剖切平面的起、迄和转折位置以及投影方向，注出视图名称"×-×"，如图 6-22 所示。

适用范围：当机件的内部结构形状用一个剖切平面剖切不能表达完全，且机件又具有回转轴线时。

画这种剖视图的注意事项：
(1) 适用于表达具有回转轴的机件，剖切平面的交线应与机件的回转轴线重合；
(2) 位于剖切平面之后的其他结构要素，一般仍按原来位置投影画出，如图 6-22 所示；
(3) "剖"开后应先"旋转"后投影。

6.2.3.4 剖视图的标注

绘制剖视图时，一般应在剖视图的上方，用大写拉丁字母标出视图的名称"×-×"，在相应的视图上用剖切符号或剖切线（细点画线）表示剖切位置，用箭头表示投射方向，

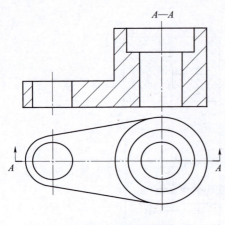

图 6-23 剖视图的标注

并注上同样的字母,如图 6-23 所示。

在下述一些情况下,可省略标注:

(1) 当剖视图按投影关系配置,中间没有其他图形隔开时,可省略箭头;

(2) 当单一剖切平面通过机件的对称平面或基本对称的平面,剖视图按投影关系配置,中间又没有其他图形隔开时,可省略标注(包括位置、箭头和字母),如图 6-23 可完全省略标注;

(3) 半剖视图的标注方法与全剖视图相同,如图 6-24 所示;

(4) 当单一剖切平面的剖切位置明显时,局部视图的标注可省略。

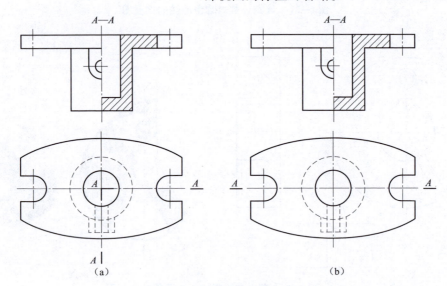

图 6-24 半剖视图的标注
(a) 错误注法;(b) 正确注法

6.3 典型机件的断面图画法与标注

假想用剖切面将物体的某处切断,只画出该剖切面与物体接触部分(剖面区域)的图形称为断面图,简称断面或剖面,如图 6-25 所示。断面分重合断面和移出断面两种。

剖视图与断面图的区别是:断面图只画机件被剖切后的断面形状,而剖视图除了画出断面形状外,还必须画出机件上位于剖切面后面的可见轮廓。

6.3.1 断面图画法

6.3.1.1 移出断面图

移出断面图画在视图之外,轮廓线用粗实线绘制,常配置在剖切线的延长线上,也可配置在其他适当的位置，如图 6-26 所示。

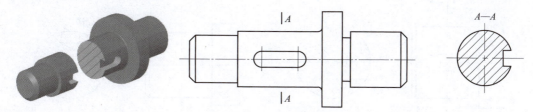

图 6-25 断面图的形成

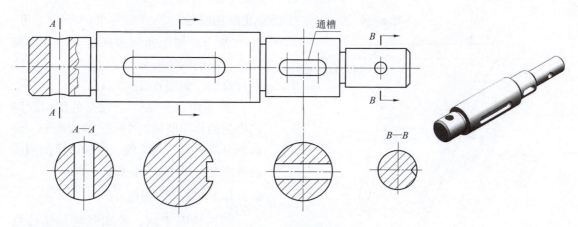

图 6-26 移出断面图画法

（1）移出断面应尽量配置在剖切线的延长线上，如图 6-26 所示；
（2）断面对称时可画在视图的中断处，如图 6-27 所示；
（3）必要时可将断面配置在其他适当位置。在不致引起误解时，允许将图形旋转，但必须标注旋转符号，如图 6-28 所示；

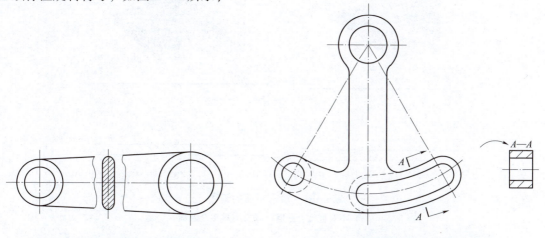

图 6-27 对称的移出断面图画法　　　　图 6-28 倾斜部分的移出断面图画法

（4）绘制移出断面图应注意：
① 当剖切面通过圆孔、圆锥凹坑等回转结构的轴线时，这些部分均应按剖视绘制，如图 6-29（a）、图 6-29（b）所示；

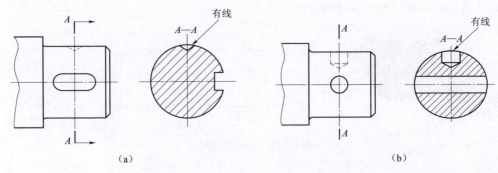

图 6-29 带有孔或凹坑的移出断面图画法

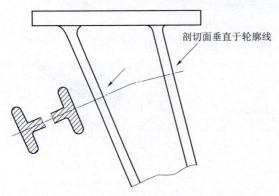

图 6-30 相交平面切得的断面应断开绘制

② 当剖切面通过非圆孔会导致出现完全分离的两个断面时，这些结构也应按剖视绘制，如图 6-28 所示；

③ 若由两个或多个相交的剖切面剖切得到的移出断面，中间一般应断开。剖切面分别垂直于轮廓线，断面图中间用波浪线断开，如图 6-30 所示。

6.3.1.2 重合断面图

画在视图之内，轮廓线用细实线绘制。当视图中的轮廓线与断面图的图线重合时，视图中的轮廓线不应断开，仍应连续画出。如图 6-31 所示。

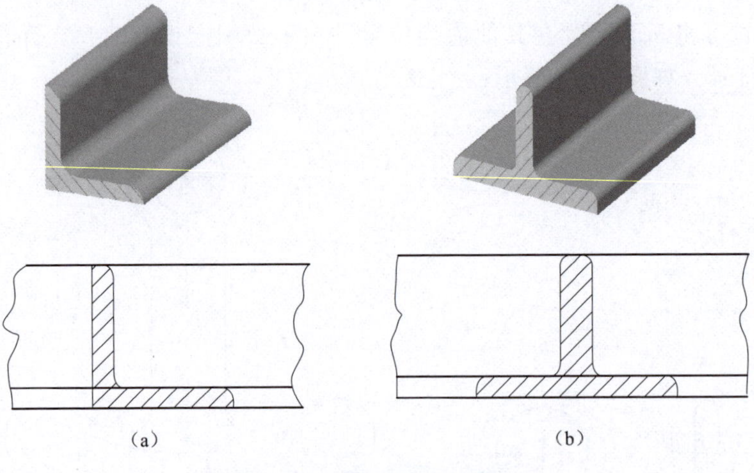

图 6-31 重合断面的画法
（a）不对称重合断面；（b）对称重合断面

6.3.2 断面图的标注方法

6.3.2.1 移出断面图的标注方法

（1）移出断面图一般应标注断面图的名称"×-×"（"×"为大写拉丁字母），在相应视图上用剖切符号表示剖切位置和投射方向，并标注相同字母，如图 6-29 所示；

（2）配置在剖切线延长线上的移出断面，均可省略字母，如图 6-26 所示；

（3）对称的移出断面、按投影关系配置的移出断面，均可省略箭头，如图 6-26 所示；

（4）配置在剖切线延长线上的对称移出断面，以及配置在视图中断处的对称的移出断面均不必标注，但应用细点画线表示剖切位置，如图 6-26 所示。

6.3.2.2 重合断面图的标注方法

（1）不对称的重合断面可省略标注，如图 6-31（a）所示；

（2）对称的重合断面图不必标注，如图 6-31（b）所示。

6.3.3 应用

断面图常用于表达物体某一局部的断面形状，如机件上的肋、轮辐或轴上的键槽、孔等。

6.4 典型机件的其他表达方法

6.4.1 局部放大图

用大于原图形的比例画出的局部图形称为局部放大图，如图 6-32 所示。局部放大图主要用于表示物体的局部细小结构。

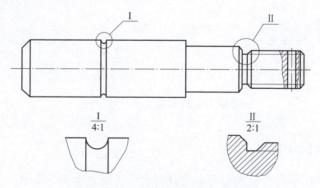

图 6-32 局部放大图的画法和标注

当机件上的细小结构在视图上表达不清楚，或不便于标注尺寸和技术要求时，采用局部放大图。

（1）局部放大图根据需要可画成视图、剖视图或断面图，它与被放大部分的表达方式无关。为看图方便，局部放大图应尽量放在被放大部位的附近，如图 6-32 所示。

（2）局部放大图的标注方式为：将被放大部位用细实线圈出，在指引线上用罗马数字编号，当同一机件有几个被放大的部位时，必须用罗马数字依次标明被放大的部位，并在局部放大图的上方用分数形式标注相应的罗马数字和采用的比例，如图 6-32 所示。当零件上被放大的部分仅一个时，不必用罗马数字编号，在局部放大图的上方只需标明所采用的比例。

（3）同一机件上不同部位的局部放大图，当图形相同或对称时，只需画出一个，应编相同编号,如图 6-33 所示。

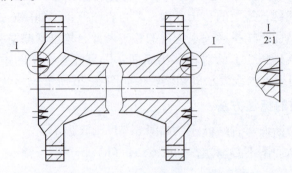

图 6-33　相同或对称结构的局部放大图画法和标注

(4) 局部放大图的比例只是放大图与机件的比例,与原视图的比例无关,因此,标注局部放大部分的图形尺寸时,仍按机件实际尺寸标注,如图 6-34 所示。

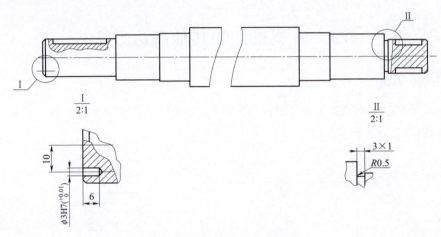

图 6-34　局部放大图尺寸标注

6.4.2　规定画法、简化画法

在不致引起误解和不会产生理解歧义的前提下,为力求制图简便,国家标准《技术制图》和《机械制图》还制定了一些规定画法和简化画法。

(1) 对于机件的肋、轮辐及薄壁等,如纵向剖切,这些结构都不画剖面符号,而用粗实线将它与其邻接部分分开,但横向剖切时,仍应画出剖面符号,如图 6-35 所示;

(2) 当回转体上均匀分布的肋、轮辐、孔等结构不处于剖切平面时,可将这些结构旋转到剖切平面上画出,如图 6-36 所示;

(3) 当机件具有若干相同结构(齿、槽等),并按一定规律分布时,只需画出几个完整的结构,其余用细实线连接,在零件图中必须注明该结构的总数,如图 6-37 所示;

(4) 若干直径相同且成规律分布的孔(圆孔、螺孔、沉孔等),可以仅画出一个或几个,其余只需用细点画线表示其中心位置,在零件图中应注明孔的总数,如图 6-38 所示;

(5) 零件上对称结构的局部视图,可按图 6-39 绘制;

第6章　机件表达方法及应用

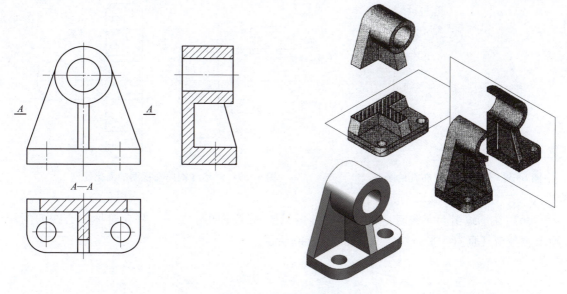

图 6-35　肋板剖切的画法

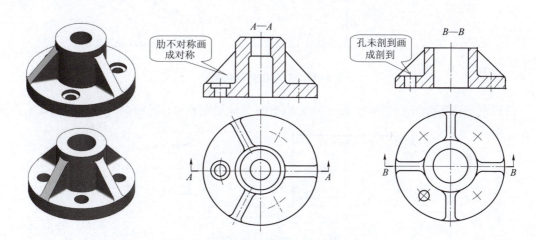

图 6-36　均匀分布的肋板及孔的画法

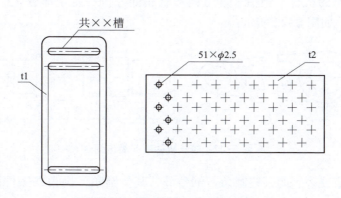

图 6-37　相同结构规律分布的画法

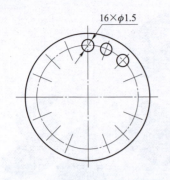

图 6-38 圆上规律分布孔的画法

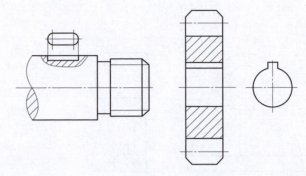

图 6-39 对称结构局部视图的简化画法

（6）在不致引起误解时，对称的机件可只画一半或四分之一，并在对称中心线的两端画出两条与其垂直的平行细实线，如图 6-40 所示；

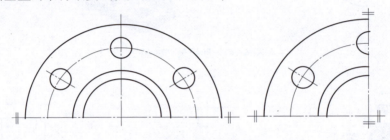

图 6-40 对称机件简化画法

（7）当图形不能充分表示平面时，可用平面符号如图 6-41 所示；

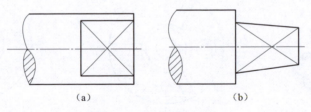

（a） （b）

图 6-41 平面的简化画法

（8）杆类较长的机件，当沿长度方向形状相同或按一定规律变化时，允许断开画出，标注时标注实长，如图 6-42 所示；

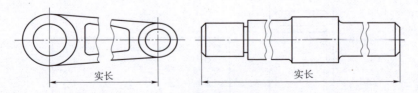

图 6-42 较长机件断开简化画法

（9）除确属需要表示的某些圆角、倒角外，其他圆角、倒角在零件图中均可不画，但必须注明尺寸，或在技术要求中加以说明，如图 6-43 所示。

锐边倒圆R0.5

图 6-43 圆角、倒角的简化画法

第三角投影简介

目前，在国际上使用的有两种投影制，即第一角投影（又称"第一角画法"）和第三角投影（又称"第三角画法"）。ISO 国际标准规定：在表达机件结构中，第一角和第三角投影法同等有效。

1）基本概念

在三投影面体系中，若将物体放在第三分角内，并使投影面处于观察者和物体之间，这样所得的投影称为第三角投影，如图 6-44 所示。

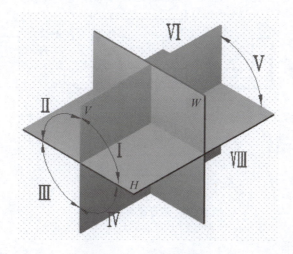

图 6-44 三投影面体系

在 V、H、W 三个投影面上的投影图，分别称为主视图、俯视图、右视图，实际上，图形名称没变，只是投影所处的位置与第一角画法不一样，如图 6-45 所示三视图。

第三角投影：将投影面放在观察者与物体之间，即人→面→物的相对关系，假定投影面为透明的平面。

2）视图的形成及对应关系

基本视图之间仍然遵循"三等关系"："长对正，高平齐，宽相等"。在方位关系上，以

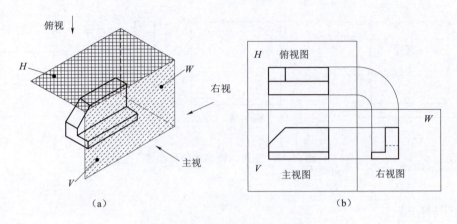

图 6-45 第三角投影的三视图
（a）三投影面体系；（b）展开图

主视图为基准，除后视图外，各视图靠近主视图的一侧均表示机件的前面，远离主视图的一侧均表示机件的后面，后视图图形的左端表示机件的右端，图形右端表示机件的左端，如图 6-46 所示。

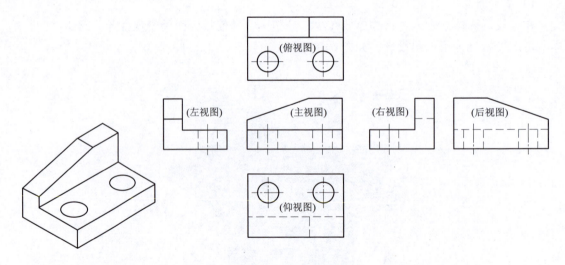

图 6-46 六个基本视图展开

3）投影符号的标注

工程图样上，为了区别两种投影，允许在图样的标题栏右下角，画出第一角、第三角投影的特征识别符号，如图 6-47、图 6-48 所示，第一角投影符号允许不标注。

图 6-47 投影符号
（a）第一角画法；（b）第三角画法

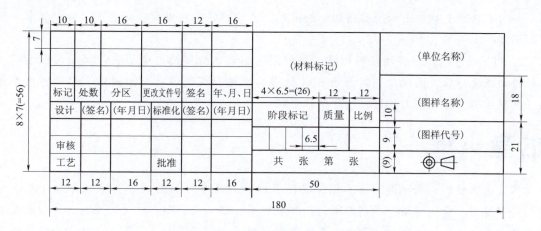

图 6-48　第三角投影符号在图纸上的标注

先导案例解决

如图 6-49 所示，在先导案例中，支架中的表达可以有两种表达方案，方案一：采用主视图和俯视图，并在俯视图上采用了全剖视表达支架的内部结构，但此十字肋板的形状是用虚线表示的，剖视不完全；方案二：采用主、俯、左三个视图，主视图上作局部剖视，表达安装孔；左视图采用全剖视，表达支架的内部结构形状；俯视图采用了全剖视，表达了左端圆锥台内的螺孔与中间大孔的关系及底板的形状。为了清楚地表达十字肋的形状，增加了一个移出断面图，这种表达方案虽然图形稍多，但结构表达很清楚，是较好的表达方案。

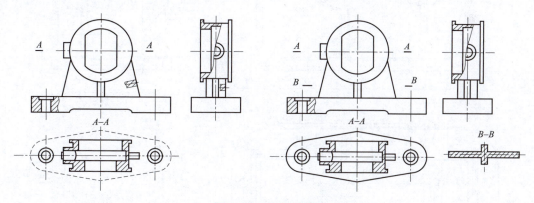

图 6-49　支架的表达

生产学习经验

1. 初学者对选择表达方案总觉得不好掌握，实际上只要多想几种方案，多比较，慢慢地就觉得也不是那么难了。

2. 表达方法的综合应用应解决两个问题，其一是会确定表达机件的方案；其二是会读图。如何识读带有剖视图和断面图的一组视图，弄清机件的内外形状是生产实际中经常会遇到的问题。

3. 视图着重表达机件的外部形状，剖视图专门表达机件的内部形状，断面图则专门表达机件的断面形状，因此读图时应把识读视图和识读剖视图以及断面图结合起来，内外联系，反复推想，才能确定机件的内外结构形状。

本章讲解视图、剖视图、断面图、其他表达方式几个方面的内容，重点介绍了基本视图、局部视图、全剖视图、半剖视图、局部剖视图、断面图和局部放大图等内容，应在今后的工程中结合具体的机件综合考虑，多加练习。简单介绍了第三角投影法，便于今后识读国外产品及设备的机械图样。

思考题

学习了机件的各种表达方式后，试想一想：图 6-50 所示的减速箱体用了多少个图形表达机件？用了哪些表达方式？每一个图形的表达重点是什么？还有没有其他的表达方案？

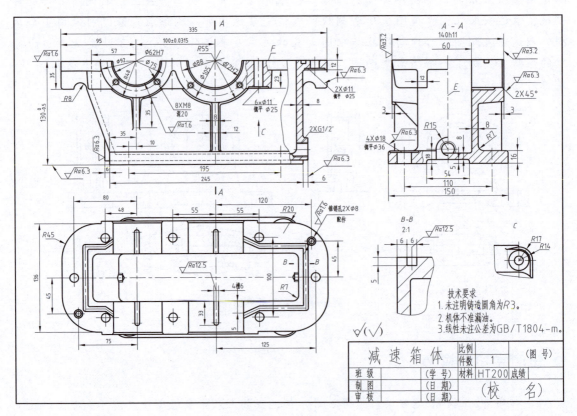

图 6-50 减速箱体

第 7 章

标准件、常用件规定画法及应用

本章知识点

1. 了解螺纹的基本要素,并掌握螺纹的画法、标注及查表方法;
2. 熟练掌握螺纹连接件的画法、规定标记及查表方法;
3. 掌握键、销的连接画法、规定标记及查表方法;
4. 掌握齿轮的基本知识及直齿圆柱齿轮的规定画法;
5. 了解轴承的简化画法和规定标记。

先导案例

如图 7-1 所示的联轴器属于机械通用部件,用来连接不同机构中的两根轴,使之共同旋转以传递扭矩。联轴器一般由两半部分组成,而把这两部分连接起来需要螺栓、螺钉、销等零件。

任何一台机器或设备都是由若干个零件按一定方式组合而成的。在组成机器或部件的众多零件中,除一般零件外,广泛使用着螺栓、螺柱、螺钉、螺母、垫圈、键、销、滚动轴承等零部件。由于这些零部件用途广、用量大,为了便于批量生产和使用,国家标准对这类零部件的结构、尺寸及技术要求等作出了一系列的规定,即进行了标准化,故这类零部件称为

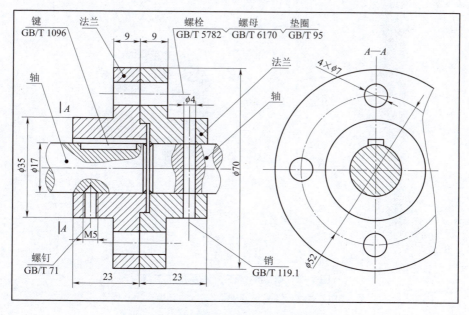

图 7-1 联轴器的装配图(未安装标准件)

常用标准件，且有固定标记。另有一些零件，如齿轮、弹簧等，国家标准只对其部分尺寸和参数进行了标准化，但这类零件结构典型，应用也十分广泛，被称为常用非标准件。零件上常出现的结构要素如螺纹、中心孔等国家标准也对其结构、尺寸、画法和标注进行了标准化。

本章将介绍一些常用零部件和结构要素的基本知识、规定画法、标注及查表方法等。

7.1　螺纹及螺纹紧固件

7.1.1　螺纹

7.1.1.1　螺纹的形成和结构

（1）螺纹的形成：圆柱面上一点绕圆柱的轴线作等速旋转运动的同时又沿轴线作等速直线运动，这复合运动的轨迹就是螺旋线。规定的平面图形（如三角形、梯形、锯齿形等）沿圆柱表面上的螺旋线运动形成的具有相同剖面的连续凸起和沟槽就是螺纹。

螺纹加工大部分采用机械化批量生产。小批量、单件产品，内、外螺纹可采用车床加工，也可以用板牙或丝锥攻制而成，如图 7-2 所示。

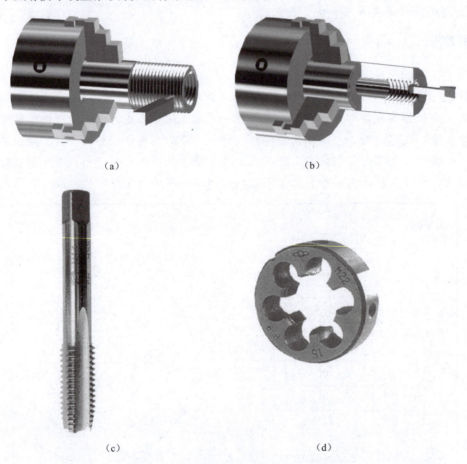

图 7-2　螺纹的加工方法及加工工具
(a) 车削外螺纹；(b) 车削内螺纹；(c) 丝锥；(d) 板牙

（2）螺纹的结构：螺纹的凸起顶部称为牙顶，沟槽底部称为牙底。螺纹在安装时，为防止端部损坏，在螺纹的起始处一般会加工成锥形的倒角或球形的倒圆，在螺纹的结束处有收尾或退刀槽。

7.1.1.2 螺纹的要素

螺纹的基本要素包括牙型、直径（大径、小径、中径）、螺距和导程、线数、旋向等。

1）牙型

在通过螺纹轴线的剖面上，螺纹的轮廓形状称为螺纹牙型。常见的螺纹牙型有三角形（60°、55°）、梯形、锯齿形和矩形等，如表 7-1 所示。

表 7-1 常用标准螺纹的牙型和特征代号

种　　类		特征代号	牙型放大图	说　　明
连接螺纹	普通螺纹　粗牙 细牙	M	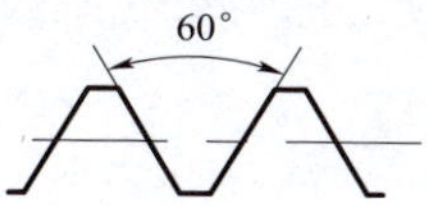 60°	常用的连接螺纹，一般连接多用粗牙。在相同的大径下，细牙螺纹的螺距较粗牙小，切深较浅，多用于薄壁或紧密连接的零件
管螺纹	用螺纹密封的管螺纹	R_1 R_c R_2 R_p	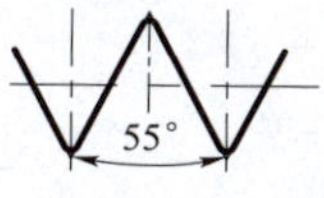 55°	包括圆锥内螺纹与圆锥外螺纹、圆柱内螺纹与圆柱外螺纹两种连接形式，必要时，允许在螺纹副内添加密封物，以保证连接的紧密性。适用于管子、管接头、旋塞和阀门等
	非螺纹密封的管螺纹	G	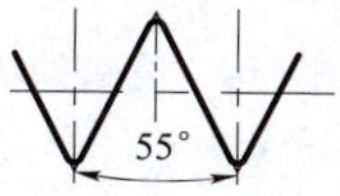 55°	螺纹本身不具有密封性，若要求连接后具有密封性，可压紧被连接件螺纹副外的密封面，也可在密封面间添加密封物。适用于管接头旋塞和阀门等
传动螺纹	梯形螺纹	T_r	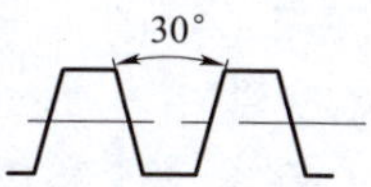 30°	用于传递运动和动力，如机床丝杠、尾架丝杠等
	锯齿形螺纹	B	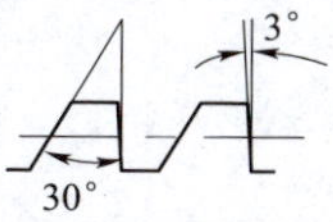 3° 30°	用于传递单向压力，如千斤顶螺杆等

2）螺纹的直径（如图 7-3 所示）

（1）大径 d、D　是指与外螺纹的牙顶或内螺纹的牙底相切的假想圆柱或圆锥的直径。内螺纹的大径用大写字母表示，外螺纹的大径用小写字母表示。

（2）小径 d_1、D_1　是指与外螺纹的牙底或内螺纹的牙顶相切的假想圆柱或圆锥的直径。

（3）中径 d_2、D_2　是指一个假想的圆柱或圆锥直径，该圆柱或圆锥的母线通过牙型上沟槽和凸起宽度相等的地方。

(4) 公称直径　代表螺纹尺寸的直径，通常指外螺纹大径的基本尺寸。

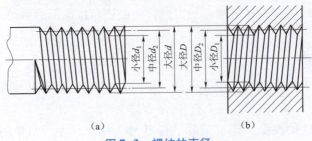

图 7-3　螺纹的直径

(a) 外螺纹；(b) 内螺纹

3) 线数（n）

在同一圆柱（锥）面上车制螺纹的条数，称为螺纹的线数，用 n 表示。螺纹有单线和多线之分，沿一条螺旋线形成的螺纹，称为单线螺纹；沿两条或两条以上螺旋线形成的螺纹，称为多线螺纹，如图 7-4 所示。

4) 螺距（P）和导程（P_h）

螺距是指在相邻两牙在中径线上对应两点间的轴向距离，导程是指在同一条螺旋线上相邻两牙在中径线上对应点之间的轴向距离，如图 7-4 所示，螺距、导程和线数三者之间的关系为：$P_h = nP$。

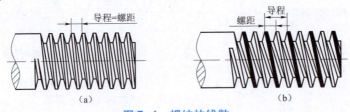

图 7-4　螺纹的线数

(a) 单线螺纹；(b) 双线螺纹

5) 旋向

螺纹有左旋和右旋之分。如图 7-5 所示，内、外螺纹旋合时，顺时针旋入的螺纹，称为右旋螺纹；反之，称为左旋螺纹。工程上常用的是右旋螺纹。

只有这五要素都相同的内、外螺纹才能相互旋合。

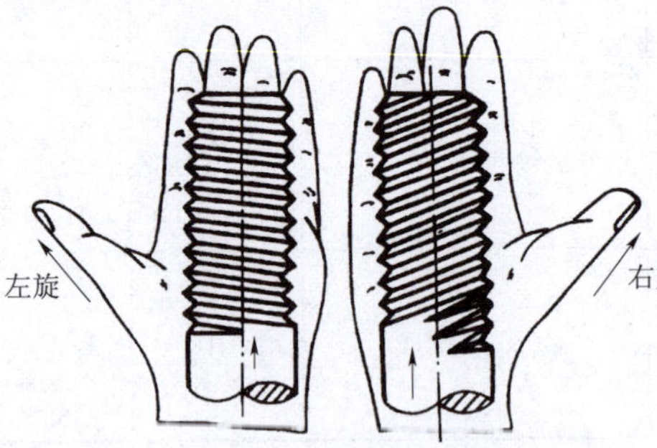

图 7-5　螺纹的旋向

7.1.1.3　螺纹的种类

国家标准对螺纹的牙型、大径和螺距做了统一规定。这三项要素均符合国家标准的螺纹称为标准螺纹；凡牙型不符合国家标准的螺纹称为非标准螺纹；只有牙型符合国家标准的螺纹称为特殊螺纹。

螺纹可以从多个不同的角度进行分类，通常按用途分为四类：紧固连接螺纹、传动螺纹、管螺纹和专门用途螺纹。

7.1.1.4 螺纹的规定画法

螺纹的真实投影比较复杂,为了简化作图,国家标准《机械制图》GB/T 4459.1—1995 对螺纹的画法作了统一规定,并且不论螺纹的牙型如何,其画法相同。

1) 外螺纹的画法

外螺纹如图 7-6(a)所示,大径用粗实线表示,小径用细实线表示。螺纹小径按大径的 0.85 倍绘制。在不反映圆的视图中,小径的细实线应画入倒角内,螺纹终止线用粗实线表示。在反映圆的视图中,表示小径的细实线圆只画约 3/4 圈,螺杆端面上的倒角圆省略不画,如图 7-6(b)、图 7-6(c)所示。剖视图中的螺纹终止线和剖面线画法如图 7-6(c)所示。

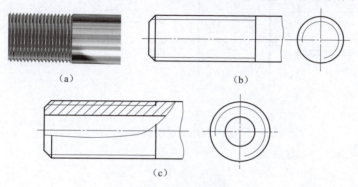

图 7-6 外螺纹画法

2) 内螺纹的画法

内螺纹如图 7-7 所示通常采用剖视图表达,在不反映圆的视图中,大径用细实线表示,小径和螺纹终止线用粗实线表示,且小径取大径的 0.85 倍,注意剖面线应画到粗实线;若是盲孔,终止线到孔的末端的距离可按 0.5 倍大径绘制;在反映圆的视图中,大径用约 3/4 圈的细实线圆弧绘制,孔口倒角圆不画,当螺纹的投影不可见时,所有图线均画成细虚线,如图 7-7(d)所示。

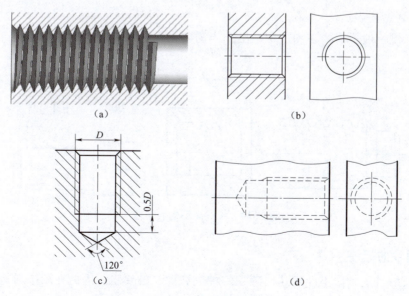

图 7-7 内螺纹的画法

3) 内、外螺纹旋合的画法

只有当内、外螺纹的五项基本要素相同时，内、外螺纹才能进行连接。用剖视图表示螺纹连接时，旋合部分按外螺纹的画法绘制，未旋合部分按各自原有的画法绘制，如图7-8和图7-9所示。画图时必须注意：表示内、外螺纹大径的细实线和粗实线，以及表示内、外螺纹小径的粗实线和细实线应分别对齐；在剖切平面通过螺纹轴线的剖视图中，实心螺杆按不剖绘制。

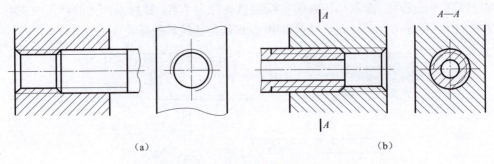

图7-8 内、外螺纹旋合画法（一）

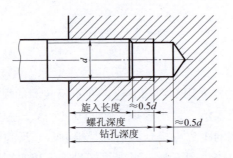

图7-9 内、外螺纹旋合画法（二）

4) 螺纹牙型的表示法

螺纹的牙型一般不需要在图形中画出，当需要表示螺纹的牙型时，可按图7-10的形式绘制。

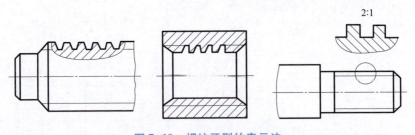

图7-10 螺纹牙型的表示法

7.1.1.5 螺纹的标注

由于螺纹的规定画法不能表达出螺纹的种类和螺纹的要素，因此在图中对标准螺纹需要进行正确的标注。下面分别介绍各种螺纹的标注方法。

1）普通螺纹

普通螺纹用尺寸标注形式注在内、外螺纹的大径上，其标注的具体项目和格式如下：

|螺纹代号| |公称直径×螺距|－|中径公差带代号| |顶径公差带代号|－|旋合长度代号|－|旋向|

其中：

（1）普通螺纹的特征代号为字母"M"，公称直径及导程、螺距数值单位为 mm。

（2）单线螺纹的尺寸代号为"公称直径×螺距"，此时不注写"P_h"和"P"字样；当为粗牙螺纹时不注螺距。

（3）多线螺纹需要说明线数时，可以在导程和螺距后加括号以英文形式注出，例如螺纹标记：M14×P_h6 P2（three starts）。

（4）螺纹公差带代号是对螺纹制造精度的要求，包括中径和顶径公差带代号，标注时中径公差带代号在前，顶径公差带代号在后，小写字母表示外螺纹公差带代号，大写字母表示内螺纹公差带代号。如果中径和顶径公差带代号相同时，只注写一个代号。普通螺纹的精度分为精密、中等和粗糙三个级别，分别用该螺纹所在旋合长度对应的公差带评定，部分最常用的中等精度螺纹（外螺纹为 6g，内螺纹为 6n）不注公差带代号。

（5）螺纹旋合长度代号，分别用 S、N、L 表示短、中等、长三种旋合长度，中等旋合长度省略标注 N。

（6）右旋螺纹省略标注旋向，左旋螺纹一律用 LH 表示。

螺纹标注项目示例见图 7-11，标注示例见图 7-12 所示。

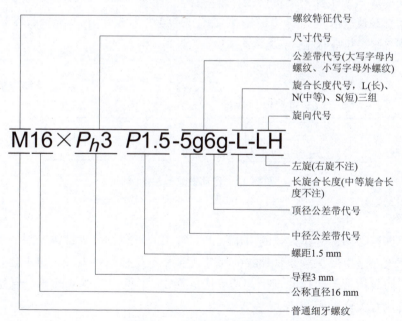

图 7-11 普通螺纹标注项目

2）传动螺纹

传动螺纹主要指梯形螺纹和锯齿形螺纹，它们也用尺寸标注形式，注在内外螺纹的大径上，其标注的具体项目及格式如下：

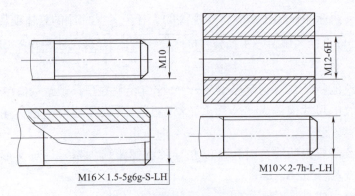

图 7-12 普通螺纹标注示例

|螺纹代号| |公称直径|×|导程（*P* 螺距）| |旋向|-|中径公差带代号|-|旋合长度代号|

其中：

(1) 梯形螺纹的螺纹代号用字母"Tr"表示，锯齿形螺纹的特征代号用字母"B"表示；

(2) 多线螺纹标注导程与螺距，单线螺纹只标注螺距；

(3) 右旋螺纹不标注代号，左旋螺纹标注字母"LH"；

(4) 传动螺纹只注中径公差带代号；

(5) 传动螺纹旋合长度只有"L"（长旋合长度）、"N"（中等旋合长度）两组，中等旋合长度代号"N"省略标注。

如图 7-13 所示为传动螺纹标注示例。

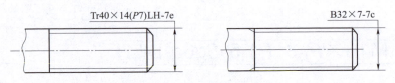

图 7-13 传动螺纹标注示例

3）管螺纹

管螺纹的标记必须标注在大径的引出线上。常用的管螺纹分为螺纹密封的管螺纹和非螺纹密封的管螺纹。这里要注意，管螺纹的尺寸代号并不是指螺纹大径，也不是管螺纹本身任何一个直径，而是指管了通孔的直径，其单位是英寸，1 英寸 = 25.4 毫米。管螺纹的大径和小径等参数可从有关标准中查出。

管螺纹标注的具体项目及格式如下：

螺纹密封管螺纹代号：|螺纹特征代号| |尺寸代号|-|旋向代号|

非螺纹密封管螺纹代号：|螺纹特征代号| |尺寸代号| |公差等级代号|-|旋向代号|

螺纹密封管螺纹又分为：与圆柱内螺纹相配合的圆锥外螺纹，其特征代号是 R_1；与圆锥内螺纹相配合的圆锥外螺纹，其特征代号为 R_2；圆锥内螺纹，特征代号是 R_c；圆柱内螺纹，特征代号是 R_p，旋向代号只注左旋"LH"。非螺纹密封管螺纹的特征代号是 G，它的公差等级代号分 A、B 两个精度等级，外螺纹需注明，内螺纹不注此项代号，右旋螺纹不注旋向代号，左旋螺纹标"LH"。

如图 7-14 所示为管螺纹标注示例。

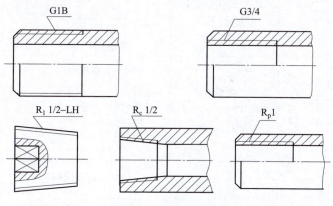

图 7-14 管螺纹的标注

7.1.2 螺纹紧固件

7.1.2.1 常用的螺纹紧固件及其标注

常用螺纹紧固件有螺栓、双头螺柱、螺钉、螺母和垫圈等，如图 7-15 所示。它们的结构、尺寸都已分别标准化，称为标准件，使用或绘图时，可以从相应标准中查到所需的结构尺寸。

表 7-2 中列出了常用螺纹紧固件的种类与标记。

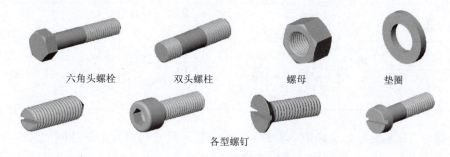

图 7-15 常见的螺纹紧固件

7.1.2.2 常用螺纹紧固件的画法

螺纹紧固件一般按比例画法绘出，就是当螺纹大径选定后，除了螺栓等螺纹紧固件的有效长度需根据连接件实际情况确定外，各部分尺寸都按螺纹大径（d、D）的一定比例画出，如图 7-16（a）～（f）所示，也可在比例画法的基础上按简化画法绘制，如图 7-16（g）、（h）所示。

（1）螺栓：d、L（根据要求确定）。

$d_1 \approx 0.85d \quad b \approx 2d \quad e = 2d \quad R_1 = d \quad R = 1.5d \quad k = 0.7d \quad c = 0.1d$

表 7-2 常见螺纹连接件的标记

名　称	规定标记示例	名　称	规定标记示例
六角头螺栓 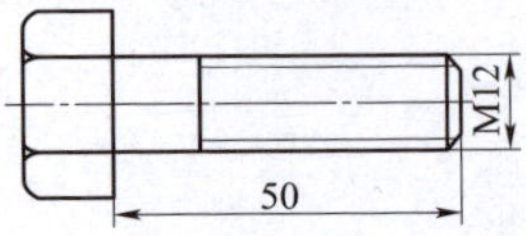	螺栓 GB/T 5780—2016 M12×50	内六角圆柱头螺钉 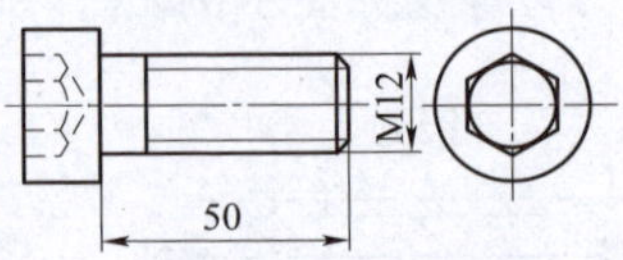	螺钉 GB/T 70.1—2008 M12×50
双头螺柱 A 型 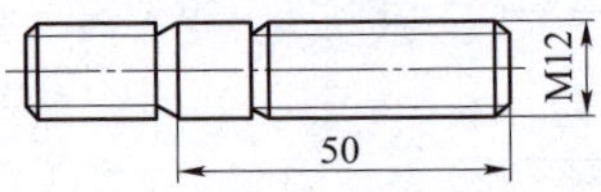	螺柱 GB/T 897—1988 AM12×50	1 型六角螺母-C 级 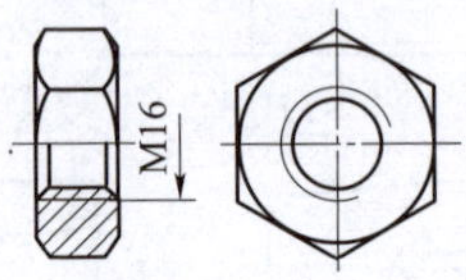	螺母 GB/T 41—2016 M16
开槽圆柱头螺钉 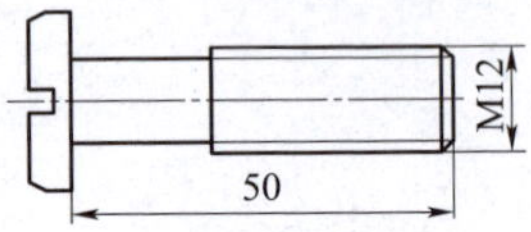	螺钉 GB/T 65—2016 M12×50	1 型六角开槽螺母 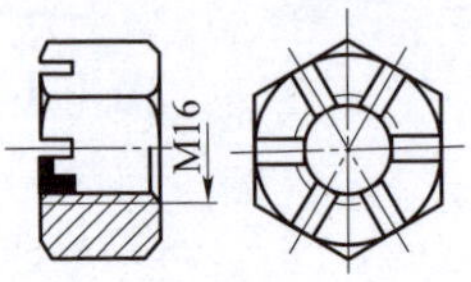	螺母 GB/T 6178—1986 M16
开槽沉头螺钉 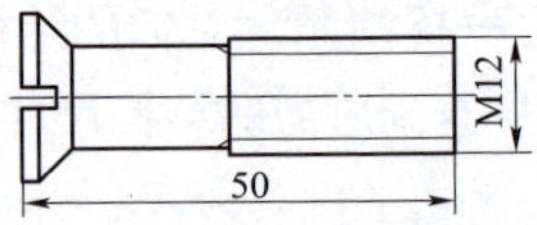	螺钉 GB/T 68—2016 M12×50	垫圈 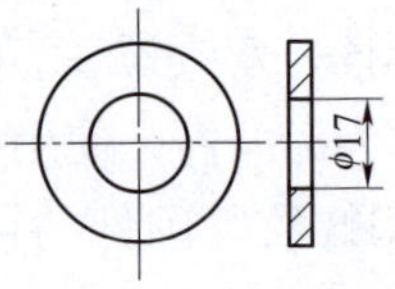	垫圈 GB/T 97.1—2002 16
开槽锥端紧定螺钉 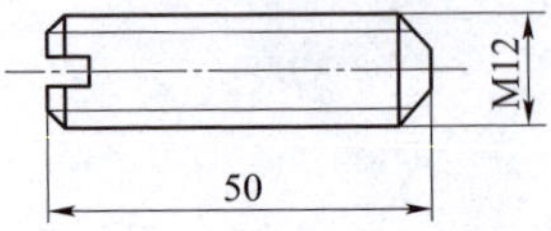	螺钉 GB/T 71—1985 M12×50-14H	标准型弹簧垫圈 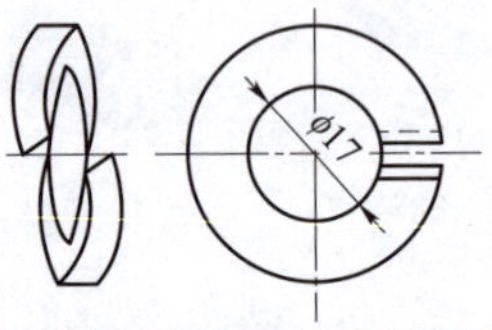	垫圈 GB/T 93—1987 16

（2）螺母：D（根据要求确定）　　$m=0.8d$　　其他尺寸与螺栓头部相同。

（3）垫圈：$d_1=1.1d$　$s=0.2d$　$n=0.12d$　平垫圈：$d_2=2.2d$　$h=0.15d$　弹簧垫圈：$d_3=1.5d$　$h=(0.2\sim0.25)d$

7.1.2.3 螺纹紧固件连接的画法

常见的典型连接形式有螺栓连接、双头螺柱连接、螺钉连接。

1）螺栓连接

（1）螺栓连接的组成。螺栓连接的紧固件有螺栓、螺母和垫圈，螺栓用来连接两个不太厚并能钻成通孔的零件，并与垫圈、螺母配合进行连接，如图 7-17 所示。

（2）螺栓连接的画法。用比例画法画螺栓连接的装配图时，应注意以下几点：

① 两零件的接触表面只画一条线，并不得加粗。凡不接触的表面，不论间隙大小，都应画出间隙（如螺栓和孔之间应画出间隙）；

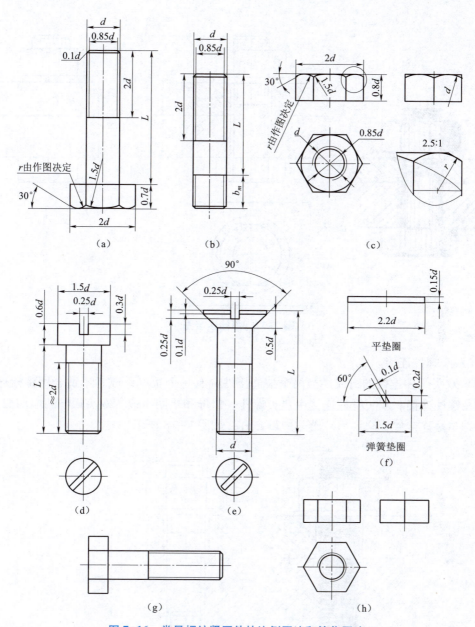

图 7-16 常见螺纹紧固件的比例画法和简化画法
(a) 螺栓;(b) 螺柱;(c) 螺母;(d) 圆柱头螺钉;(e) 沉头螺钉;(f) 垫圈;(g) 螺栓;(h) 螺母

② 剖切平面通过螺栓轴线时,螺栓、螺母、垫圈可按不剖绘制,仍画外形,必要时,可采用局部剖视;

③ 两零件相邻接时,不同零件的剖面线方向应相反,或者方向一致而间隔不等;

④ 螺栓长度 $L \geq t_1+t_2+$垫圈厚度+螺母厚度+$(0.2\sim0.3)d$,根据上式的估计值,然后选取与估算值相近的标准长度值作为 L 值;

⑤ 被连接件上加工的光孔直径稍大于螺栓直径,取 $1.1d$。

螺栓连接的比例画法,如图 7-17 所示。

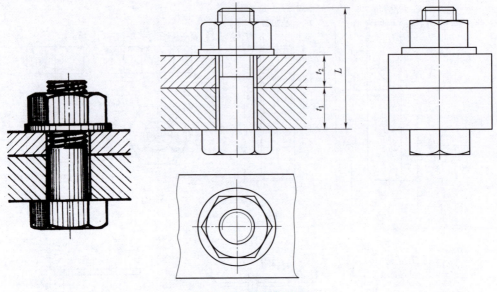

图 7-17 螺栓连接图

2)双头螺柱连接

(1)双头螺柱连接的组成。当两个被连接件中有一个很厚,或者不适合用螺栓连接时,常用双头螺柱连接。双头螺柱连接由双头螺柱、螺母和垫圈组成。双头螺柱两端均加工有螺纹,一端与被连接件旋合,另一端与螺母旋合,如图 7-18 所示。

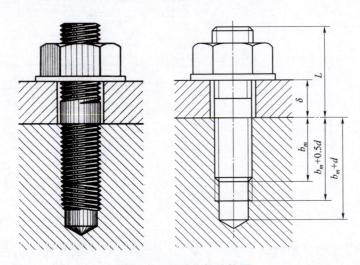

图 7-18 双头螺柱连接图

(2)双头螺柱连接的画法。用比例画法绘制双头螺柱的装配图时应注意以下几点:

① 旋入端的螺纹终止线应与结合面平齐,表示旋入端已经拧紧;

② 旋入端的长度 b_m 要根据被旋入件的材料而定,被旋入端的材料为钢时, $b_m = 1d$;被旋入端的材料为铸铁或铜时, $b_m = 1.25d$ 或 $1.5d$;被连接件为铝合金等轻金属时,取 $b_m = 2d$;

③ 旋入端的螺孔深度取 $b_m+0.5d$，钻孔深度取 b_m+d，如图 7-18 所示；
④ 螺柱的公称长度 $L≥δ+$垫圈厚度+螺母厚度+$(0.2～0.3)d$，然后选取与估算值相近的标准长度值作为 L 值。

双头螺柱连接的比例画法见图 7-18 所示。

（3）螺钉连接。螺钉连接一般用于受力不大又不需要经常拆卸的场合，如图 7-19 所示。用比例画法绘制螺钉连接时，其旋入端与螺柱相同，被连接板的孔部画法与螺栓相同，被连接板的孔径取 $1.1d$。螺钉的有效长度 $L=δ+b_m$，并根据标准校正。画图时注意以下几点：

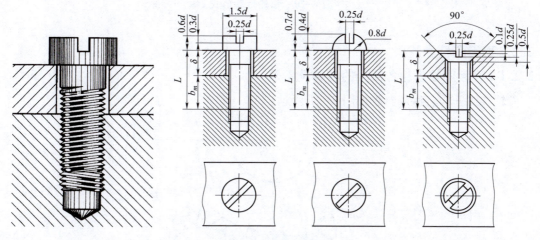

图 7-19 螺钉连接

① 连接螺钉的画法与双头螺柱连接的画法相似；
② 螺钉的螺纹终止线不能与结合面平齐，而应画入光孔件范围内；
③ 螺钉头部的开槽在主视图中放正绘制，在俯视图上按右斜 45°的投影画图，不与主视图保持投影关系，当槽口尺寸≤2mm 时可按右斜 45°涂黑。螺纹的旋入深度由被连接件的材料决定，具体尺寸可按照螺柱的尺寸确定。主视图上的钻孔深度可省略不画，一般仅按螺纹深度画出螺纹孔。

7.2 齿轮的规定画法

7.2.1 齿轮的作用及分类

齿轮的主要作用是传递动力，改变运动的速度和方向。根据两轴的相对位置，齿轮传动可分为以下三类，如图 7-20 所示：

圆柱齿轮传动——用于两平行轴间的传动；
圆锥齿轮传动——用于两相交轴间的传动；
蜗杆蜗轮传动——用于两交错轴间的传动。

| 直齿圆柱齿轮 | 斜齿圆柱齿轮 | 圆锥齿轮 | 蜗轮蜗杆 |

图 7-20　齿轮传动形式

7.2.2　直齿圆柱齿轮

7.2.2.1　直齿圆柱齿轮各部分的名称及参数

齿轮各部分的名称及参数如图 7-21 所示：

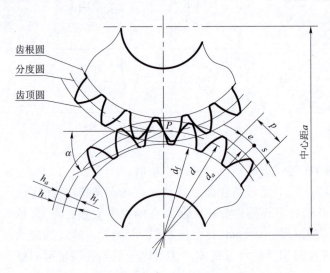

图 7-21　直齿圆柱齿轮各部分结构名称

（1）齿顶圆（直径 d_a）：通过齿轮各齿顶端的圆。

（2）齿根圆（直径 d_f）：通过齿轮各齿槽底部的圆。

（3）分度圆（直径 d）：齿轮上一个约定的假想圆，在该圆上，齿槽宽 e（相邻两齿廓之间的弧长）与齿厚 s（一个齿两侧之间的弧长）相等，分度圆是齿轮设计和加工时计算尺寸的基准圆。

（4）齿距 p：分度圆上相邻两齿对应点之间的弧长，$p=s+e=2s=2e$。

（5）齿顶高 h_a：齿顶圆和分度圆之间的径向距离；

齿根高 h_f：分度圆和齿根圆之间的径向距离；

齿高 h：轮齿在齿顶圆和齿根圆之间的径向距离，$h=h_a+h_f$。

（6）中心距 a：两啮合齿轮轴线之间的距离。

7.2.2.2 直齿圆柱齿轮的基本参数

（1）齿数 z 轮齿的个数；

（2）模数 m 齿距 p 与圆周率 π 的比值，即 $m=p/\pi$，模数的单位为 mm，因为分度圆周长 $\pi d=zp$，所以 $d=zp/\pi=zm$。模数是齿轮设计和制造的主要参数，模数值越大，轮齿的尺寸越大，承载能力越强。为便于设计制造，减少齿轮加工刀具的规格，模数的数值已标准化，如表 7-3 所示；

表 7-3 渐开线圆柱齿轮模数（摘自 GB/T 1357—2008） (mm)

第一系列	1 1.25 1.5 2 2.5 3 4 5 6 8 10 12 16 20 25 32 40 50
第二系列	1.75 2.25 2.75 (3.25) 3.5 (3.75) 4.5 5.5 (6.5) 7 9 (11) 14 18 22 28 36 45

注：优先选用第一系列，括号内的模数尽可能不用，本表未摘录小于 1 的模数。

（3）压力角 α 一对齿轮啮合时，在齿廓接触点 P 处的齿廓公法线（受力方向）与分度圆的切线方向（运动方向）之间的夹角称为压力角，如图 7-21 所示。压力角也称为齿形角，我国标准渐开线齿轮的压力角 $\alpha=20°$。

一对相互啮合的齿轮，模数和压力角 α 都相同。

7.2.2.3 直齿圆柱齿轮的尺寸计算

在已知模数 m 和齿数 z 时，齿轮轮齿的其他参数均可按表 7-4 里的公式计算出来。

表 7-4 标准直齿圆柱齿轮各部分尺寸计算公式

基本参数：模数 m 和齿数 z			
序 号	名 称	代 号	计算公式
1	齿距	p	$p=\pi m$
2	齿顶高	h_a	$h_a=m$
3	齿根高	h_f	$h_f=1.25\,m$
4	齿高	h	$h=2.25\,m$
5	分度圆直径	d	$d=mz$
6	齿顶圆直径	d_a	$d_a=m(z+2)$
7	齿根圆直径	d_f	$d_f=m(z-2.5)$
8	中心距	a	$a=m(z_1+z_2)/2$

7.2.2.4 直齿圆柱齿轮的规定画法

1）单个齿轮的画法

单个齿轮一般用两个视图表示。国家标准规定齿顶圆和齿顶线用粗实线绘制，分度圆和分度线用细点画线表示，齿根圆和齿根线用细实线绘制（也可以省略不画）。在剖视图中，齿根线用粗实线绘制，且不能省略。当剖切平面通过齿轮轴线时，轮齿一律按不剖绘制。单个齿轮的画法如图 7-22 所示。

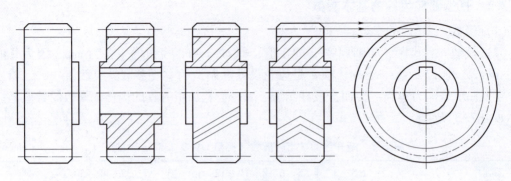

图 7-22 单个直齿圆柱齿轮的画法

2）一对齿轮啮合的画法

一对标准齿轮啮合时，两分度圆相切，除啮合区外，其余部分的结构均按单个齿轮绘制。

在垂直于圆柱齿轮轴线的投影面的视图中（反映为圆的视图），啮合区内的齿顶圆均用粗实线绘制，分度圆相切，如图 7-23（c）所示。也可用省略画法如图 7-23（d）所示。齿根圆用细实线绘制，也可省略不画。

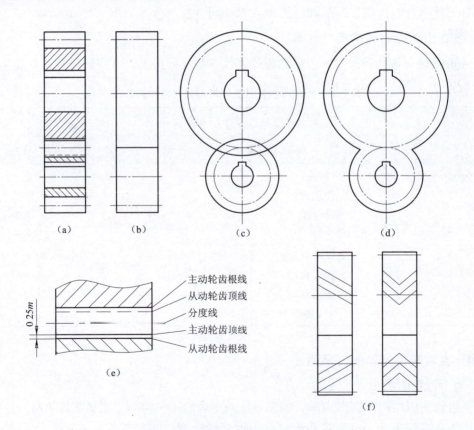

图 7-23 直齿圆柱齿轮的啮合画法

在投影为非圆的视图中，剖切时，两分度线重合用细点画线绘制，齿根线用粗实线绘制，一个齿轮的齿顶线画成粗实线，另一个齿轮的齿顶线画成虚线或省略不画，如图7-23（e）所示。不剖时，两分度线重合用粗实线绘制，如图7-23（b）所示。啮合区放大图如图7-23（e）所示。

若为斜齿或人字齿轮啮合时，其投影为圆的视图画法与直齿轮啮合画法一样，投影为非圆的外形视图画法如图7-23（f）所示。

7.3 键、轴承规定画法、标记及应用

7.3.1 键联结

1）键联结的作用和种类

键是用来连接轮和轴的连接件，主要作用是传递扭矩。如图7-24所示，将键嵌入轴上的键槽中，再将带有键槽的齿轮装在轴上，当轴转动时，因为键的存在，齿轮就与轴同步转动，达到传递动力的目的。键的种类很多，常用的有普通平键、半圆键和钩头楔键三种，如图7-25所示。

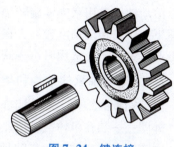

图 7-24 键连接

2）普通平键的种类和标记

普通平键根据其头部结构的不同可以分为圆头普通平键（A型）、平头普通平键（B型）、和单圆头普通平键（C型）三种型式，如图7-26所示。

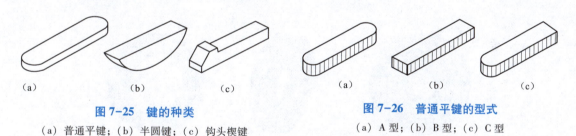

图 7-25 键的种类

(a) 普通平键；(b) 半圆键；(c) 钩头楔键

图 7-26 普通平键的型式

(a) A型；(b) B型；(c) C型

普通平键的标记格式和内容为：标准代号 键 型式代号 宽度×高度×长度，其中A型可省略型式代号。例如：宽度 $b=18$ mm，高度 $h=11$ mm，长度 $L=100$ mm 的圆头普通平键（A型），其标记是：GB/T 1096—2003 键 18×11×100。宽度 $b=18$ mm，高度 $h=11$ mm，长度 $L=100$ mm 的平头普通平键（B型），其标记是：GB/T 1096—2003 键 B 18×11×100。宽度 $b=18$ mm，高度 $h=11$ mm，长度 $L=100$ mm 的单圆头普通平键（C型），其标记是：GB/T 1096—2003 键 C 18×11×100。

3）普通平键的联结画法

采用普通平键连接时，键的长度 L 和宽度 b 要根据轴的直径 d 和传递的扭矩大小从标准中选取适当值。轴和轮毂上的键槽的表达方法及尺寸如图7-27所示。在装配图上，普通平键的连接画法如图7-28所示。

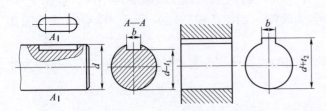
图 7-27 轴和轮毂上的键槽

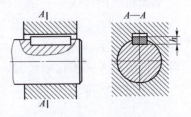
图 7-28 普通平键的连接画法

7.3.2 滚动轴承

滚动轴承是用来支承旋转轴的部件，结构紧凑，摩擦阻力小，能在较大的载荷、较高的转速下工作，转动精度较高，在工业中应用十分广泛。滚动轴承的结构及尺寸已经标准化，由专业厂家生产，选用时可查阅有关标准。

7.3.2.1 滚动轴承的结构和类型

滚动轴承的结构一般由四部分组成，如图 7-29 所示。

外圈——装在机体或轴承座内，一般固定不动；

内圈——装在轴上，与轴紧密配合且随轴转动；

滚动体——装在内外圈之间的滚道中，有滚珠、滚柱和滚锥等类型；

保持架——用来均匀分隔滚动体，防止滚动体之间相互摩擦与碰撞。

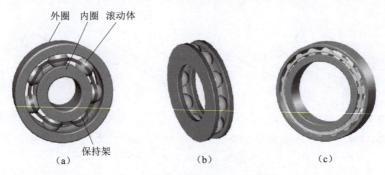

图 7-29 滚动轴承的结构和类型

（a）向心轴承；（b）推力轴承；（c）向心推力轴承

7.3.2.2 滚动轴承的类型

滚动轴承的分类方法很多，常见的有：

（1）按承受载荷的方向分为：

向心轴承——主要承受径向载荷，如深沟球轴承；

推力轴承——只承受轴向载荷，如推力球轴承；

向心推力轴承——同时承受径向和轴向载荷，如圆锥滚子轴承。

（2）按滚动体的形状分为：

球轴承——滚动体为球体的轴承；

滚子轴承——滚动体为圆柱滚子、圆锥滚子和滚针等的轴承。

（3）根据滚动体的排列和结构分单列、多列和轻、重、宽、窄系列等。

7.3.2.3 滚动轴承的代号

滚动轴承代号是用字母加数字表示滚动轴承的结构、尺寸、公差等级、技术性能等特征的产品识别符号。

滚动轴承代号由基本代号、前置代号和后置代号构成，其排列形式如下：

前置代号 基本代号 后置代号

前置代号和后置代号是轴承在结构形状、尺寸、公差、技术要求等有改变时，在其基本代号左、右添加的补充代号。前置代号用字母表示，后置代号用字母（或加数字）表示。其具体规定可查阅有关标准。

基本代号表示滚动轴承的基本类型、结构和尺寸，是滚动轴承代号的基础。基本代号由轴承类型代号、尺寸系列代号和内径代号构成。类型代号用阿拉伯数字或大写拉丁字母表示，尺寸系列代号和内径代号用数字表示。例如：

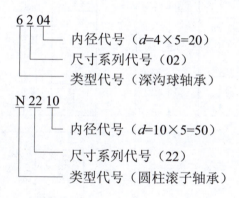

类型代号如表 7-5 所示。

表 7-5 轴承类型代号（摘自 GB/T 272—2017）

代号	0	1	2	3	4	5	6	7	8	N	U	QJ
轴承类型	双列角接触球轴承	调心球轴承	调心滚子轴承和推力调心滚子轴承	圆锥滚子轴承	双列深沟球轴承	推力球轴承	深沟球轴承	角接触球轴承	推力圆柱滚子轴承	圆柱滚子轴承	外球面球轴承	四点接触球轴承

7.3.2.4 滚动轴承的画法

滚动轴承在装配图中，根据 GB/T 4459.7—2017 规定可以用三种画法来表达，分别是通用画法、特征画法及规定画法，如表 7-6 所示，通用画法和特征画法属简化画法，在同一图样中一般应只采用这两种方法中的一种。

表 7-6 常用滚动轴承的画法

轴承名称	标准数据	通用画法	特征画法	规定画法
深沟球轴承	D d B	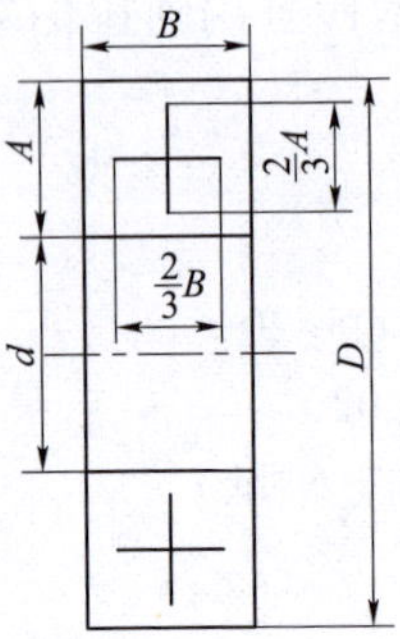	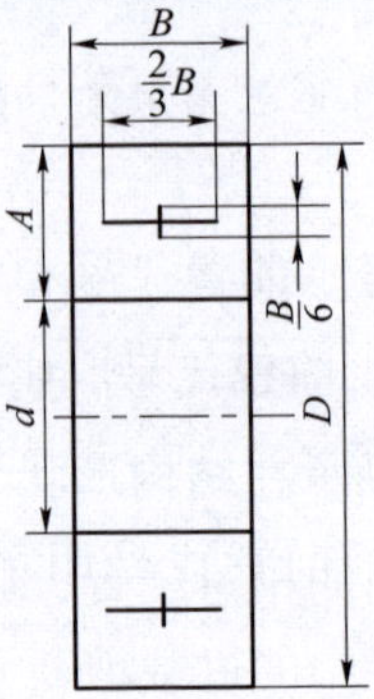	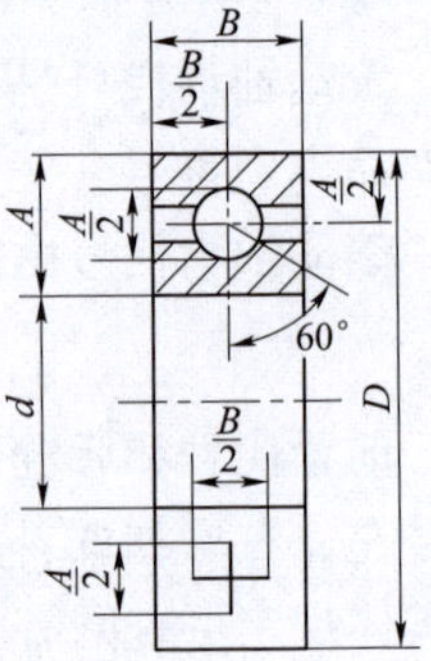
推力球轴承	D d T		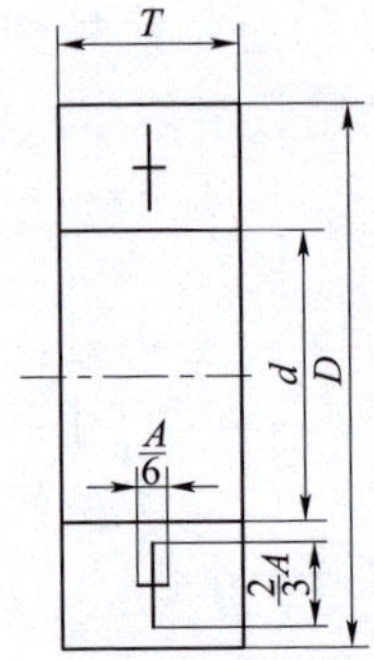	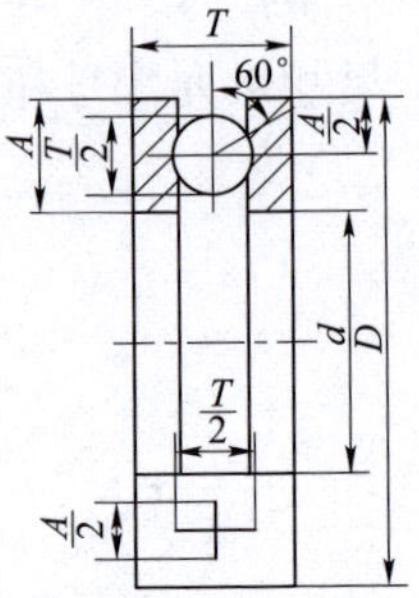
单列圆锥滚子轴承	D d T B C		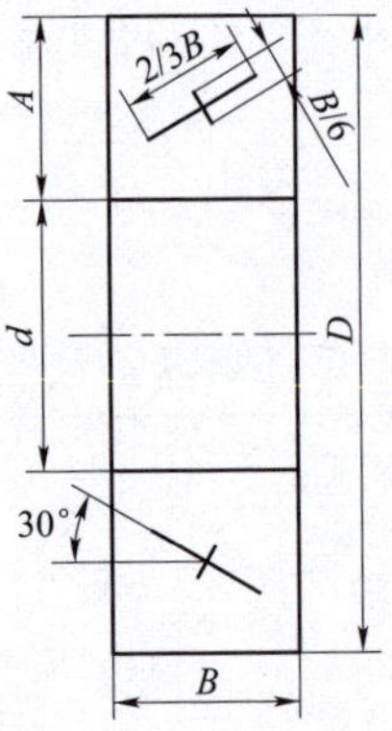	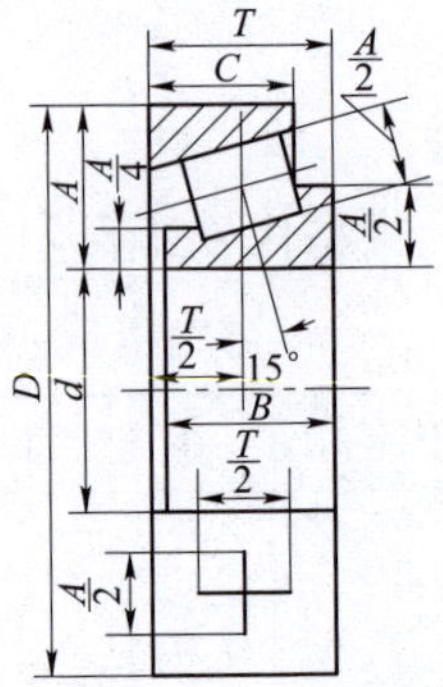

具体规定如下：

（1）在装配图中需详细表达滚动轴承结构时，可采用规定画法。规定画法一般绘制在轴的一侧，另一侧用通用画法画出；只需简单表达滚动轴承的主要结构特征时，可采用特征画法；当不需要确切表达滚动轴承的外形轮廓、载荷特性、结构特征时，在不致引起误解时，可采用通用画法表达；

（2）同一图样中应采用同一种画法；

（3）滚动轴承外框轮廓应查附表及手册，按外径 D、内径 d、宽度 B 等实际尺寸绘制，

并应与图样采用同一比例画出。其他结构的大小按与上述参数的相应的比值关系绘制,如表 7-6 所示;

(4) 各种画法中的符号、矩形线框和轮廓线均为粗实线。

(5) 采用规定画法绘制时,滚动体按不剖处理,内、外圈的剖面线的方向和间隔应相同。

知识拓展

销连接

销主要用来固定零件之间的相对位置,起定位作用,也可用于轴与轮毂的连接,传递不大的载荷,还可作为安全装置中的过载剪断元件。销的常用材料为 35、45 钢。

销有圆柱销和圆锥销两种基本类型,这两类销均已标准化。圆柱销利用微量过盈固定在销孔中,经过多次装拆后,连接的紧固性及精度降低,故只宜用于不常拆卸处。圆锥销有 1∶50 的锥度,装拆比圆柱销方便,多次装拆对连接的紧固性及定位精度影响较小,因此应用广泛。表 7-7 中列出了圆柱销和圆锥销的形式与标记。

表 7-7　销的标准、形式、画法及标记

名称	标准号	图　　例	标记示例	连接画法
圆柱销	GB/T 119.1—2000		直径 $d=5$,$L=20$,公差为 m6,材料为 35 钢,不经表面处理的圆柱销,标记为: 销 GB/T 119.1—2000 5m6×20	
圆锥销	GB/T 117—2000		直径 $d=10$,$L=100$ 的圆锥销,材料为 35 钢,表面氧化处理。其标记为: 销 GB/T 117—2000 10×100	
开口销	GB/T 91—2000		公称直径 $d=3.2$,$L=20$,材料为低碳钢,不经表面处理的开口销,其标记为: 销 GB/T 91—2000 3.2×20	

销连接的画法如图 7-30 所示。

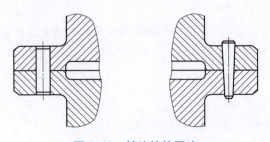

图 7-30 销连接的画法
(a) 圆柱销连接；(b) 圆锥销连接

先导案例解决

按照本章所介绍的知识，用螺栓等标准件连接后的联轴器如图 7-31 所示，就可以正常工作了。

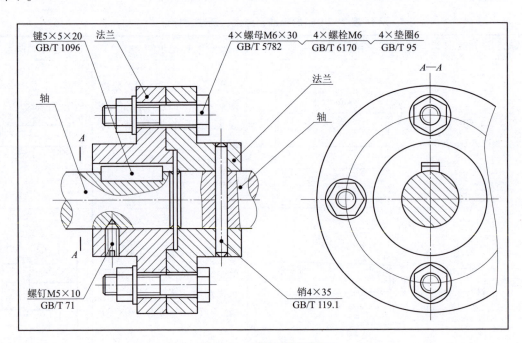

图 7-31 联轴器装配图

本章小结

本章重点介绍了螺纹连接、键联结、齿轮、轴承和弹簧等常用件和标准件的规定画法。难点是螺纹连接和轴承的规定画法，学习本章时要注意对国家标准的正确理解和一些标准数据的查阅方法。此外，本章中的螺纹连接、齿轮啮合和键联结等所涉及的知识已不是单独的

零件,而是逐渐向部件过渡的典型装配结构,其目的是为下一步学习装配图打下基础,要熟练掌握这些装配结构的规定画法

思考题

想一想:在我们的日常生活中有哪些场合会出现标准件和常用件?

第 8 章

典型零件图画法、标注及识读

▶ 本章知识点

1. 掌握零件的视图选择、技术要求；
2. 熟悉零件图中的尺寸标注；
3. 了解加工工艺对零件结构的要求；
4. 掌握典型零件图的识读；
5. 掌握典型零件工作图的绘制。

▶ 先导案例

如图 8-1 所示，齿轮油泵是机器润滑、供油系统中的一个部件，它把机油输送到各运动零件之间，对运动零件进行润滑，以减少零件的磨损，其体积小，传动平稳。

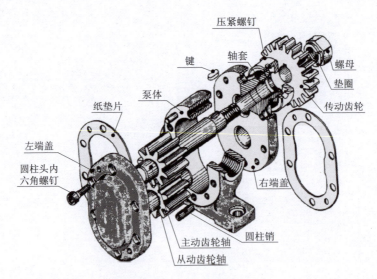

图 8-1　齿轮油泵

齿轮油泵是由泵体、泵盖、主动齿轮轴、从动齿轮轴等零部件组成。那么对于齿轮泵上众多的零部件，我们该怎么绘制它的零件图呢？零件图上应注写哪些技术要求呢？对于典型零件图绘制和识读我们一般从哪些方面着手？带着这些疑问，通过本章的学习，我们将逐一找到问题的答案。

8.1 零件的视图选择、技术要求

8.1.1 零件图的概述

任何一台机器或部件都是由若干个零件所组成。零件是机器或部件的基本单元。零件与机器的关系，是个体与整体的关系。

零件图是表示零件的结构形状、大小和有关技术要求的图样，是生产安排、加工制造、检验零件的依据，是进行技术交流的技术文件，如图8-2所示就是齿轮油泵装配体上的一个零件——从动齿轮轴的零件工作图。

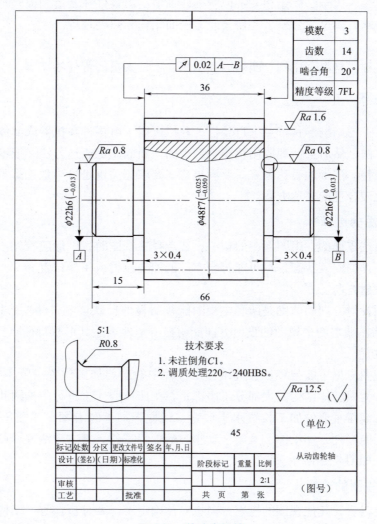

图8-2 从动齿轮轴

8.1.2 零件图的内容

结合图 8-2 分析,零件图的内容一般包含以下几个方面:

一组图形

选用一组适当的视图、剖视图、断面图等图形,将零件的内、外形状正确、完整、清晰地表达出来。

全部尺寸

在零件图上应正确、完整、清晰、合理地标注零件在制造和检验时所需要的全部尺寸,以确定其结构大小。

技术要求

用规定的符号、代号、标记和文字说明等详细地给出零件在制造和检验时所应达到的各项技术指标与要求,如尺寸公差、几何公差、表面结构和热处理等。

标题栏

填写零件名称、材料、比例、图号以及制图、审核人员的责任签字等。

8.1.3 视图选择

首先要对零件的结构形状特点进行分析,并尽可能了解零件在机器或部件中的位置、作用和它的加工方法,然后灵活地应用视图、剖视图、断面图等表达方法,把零件的内、外结构形状正确、完整、清晰地表达出来。要满足这些要求,关键是恰当地选择主视图和其他视图,确定一个比较合理的表达方案。

8.1.3.1 主视图的选择

主视图是表达零件的一组图形中的核心,在选择主视图时,一般应首先考虑零件的形状特征,并综合零件的安装状态,尽可能符合零件的加工位置或工作位置。

主视图的投射方向

选择主视图投射方向的原则是所画主视图能较明显地反映该零件主要形体的形状特征。如图 8-3 所示的左端盖的主视图的投射方向能明显清楚地表达其形状特征。

主视图的位置

零件的主视图应尽可能与零件在机械加工过程中的主要加工位置一致。如轴、套、轮、圆盘等零件,常为回转体结构,大部分工序都是在车床或磨床上进行的,因此,这类零件的主视图应将其轴线按主要的加工位置水平放置,以便于加工时看图,如图 8-2 所示。但有些工作位置固定的零件,如箱体、叉架、支座、端盖等零件,其主视图宜尽可能选择零件的工作状态绘制,如图 8-3 所示。

8.1.3.2 其他视图的选择

主视图确定以后,其他视图的投射方向也自然确定了。要分析该零件结构形状是否表达清楚,再考虑如何将主视图上未表达清楚的部位辅以其他视图表达。每个视图都有表达重点,有独立存在的意义,应避免重复表达。总之,在选择视图时,首先要考虑看图方便,在零件结构表达清楚的前提下,尽量减少视图的数量,并且力求制图简便。

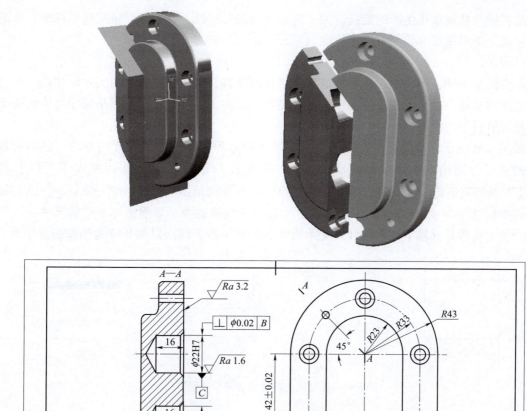

图 8-3 左端盖及其零件工作图

8.1.4 机械图样中的技术要求

机械图样中的技术要求主要是指零件几何精度方面的要求，如尺寸公差、几何公差、表面结构和热处理等。技术要求通常是用符号、代号或标记标注在图形上，或者用简明的文字注写在标题栏附近。

8.1.4.1 极限与配合

现代化大规模生产要求零件具有互换性，即从同一规格的一批合格零件中任取一件，不经修配直接装到机器或部件上，并能保证设计和使用要求，零件的这种性质叫做互换性。互换性是机械产品批量化生产的前提。为了满足零件的互换性,就必须严格控制零件配合处的尺寸精度。下面简要介绍相关国家标准《极限与配合》的基本内容。

1) 尺寸公差

在实际生产中,零件的尺寸不可能加工得绝对准确,而是允许零件的实际尺寸在一个合理的范围内变动。这个允许尺寸的变动量就是尺寸公差,简称公差。公差是尺寸允许的变动量,是没有符号的绝对值。

如图 8-4 所示,当轴装进孔时,为了满足使用过程中不同松紧程度的要求,必须对轴和孔的直径分别给出一个尺寸大小的限制。例如孔和轴的直径 $\phi 20$ 后面的"$^{+0.033}_{0}$"和"$^{-0.020}_{-0.041}$"就是限制范围,它们的含义是孔直径的允许变动范围为 $\phi 20 \sim \phi 20.033 \mathrm{mm}$;轴直径的允许变动范围为 $\phi 19.959 \sim \phi 19.980 \mathrm{mm}$。允许尺寸变动的两个界限值称为极限尺寸,极限尺寸分为上极限尺寸和下极限尺寸。关于尺寸公差的一些名词,以图 8-4 为例作简要说明。

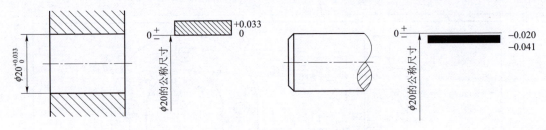

图 8-4 孔与轴的尺寸公差及公差带图

2) 公称尺寸与极限尺寸

公称尺寸 设计给定的尺寸:$\phi 20$

极限尺寸 允许尺寸变动的两个极限值:

上极限尺寸 $\begin{cases} 孔 & 20+0.033=20.033 \\ 轴 & 20+(-0.020)=19.980 \end{cases}$

下极限尺寸 $\begin{cases} 孔 & 20+0=20 \\ 轴 & 20+(-0.041)=19.959 \end{cases}$

实际尺寸 零件完工后实际测量所得的尺寸。

3) 极限偏差与尺寸公差

(1) 极限偏差 极限尺寸减公称尺寸所得的代数差,偏差有正负之分。

上极限偏差 上极限尺寸减公称尺寸所得的代数差。

下极限偏差 下极限尺寸减公称尺寸所得的代数差。

孔的上、下极限偏差代号用大写字母 ES、EI 表示。

轴的上、下极限偏差代号用小写字母 es、ei 表示。

孔 $\begin{cases} 上极限偏差 \ ES=20.033-20=+0.033 \\ 下极限偏差 \ EI=20-20=0 \end{cases}$

轴 $\begin{cases} 上极限偏差 \ es=19.980-20=-0.020 \\ 下极限偏差 \ ei=19.959-20=-0.041 \end{cases}$

(2) 尺寸公差(简称公差) 零件尺寸的允许变动量,公差恒为正值。

公差=上极限尺寸-下极限尺寸=上极限偏差-下极限偏差

孔的公差 20.033−20=0.033 或 +0.033−0=0.033

轴的公差 19.980−19.959=0.021 或 −0.020−(−0.041)=0.021

（3）公差带 为便于分析尺寸公差和进行有关计算，可以公称尺寸为基准（零线），用夸大了间距的两条直线表示上、下极限偏差，这两条直线所限定的区域称为公差带，用这种方法画出的图称为公差带图，它表示尺寸公差的大小和相对于零线（即公称尺寸线）的位置。图8-4分别画出了孔和轴公称尺寸的公差带图。

在公差带图中，零线是确定正、负偏差的基准线，零线以上为正偏差、零线以下为负偏差，其上、下极限偏差有时都是正值，有时都是负值，有时一正一负。上、下极限偏差值中可以有一个值是"0"，但不得两个值均为"0"。公差带的宽度即为尺寸公差。

（4）标准公差与基本偏差 公差带由"公差带大小"和"公差带位置"两个要素确定。

公差带大小由标准公差来确定。标准公差分为20个等级，即IT01、IT00、IT1、IT2…IT18。IT表示标准公差，数字表示公差等级。在同一公称尺寸段中IT1公差值最小，精度最高；IT18公差值最大，精度最低。常用的标准公差的数值见表8-1。

表8-1 标准公差数值（摘自 GB/T 1800.2—2009）

公称尺寸/mm		标准公差等级																
		IT1	IT2	IT3	IT4	IT5	IT6	IT7	IT8	IT9	IT10	IT11	IT12	IT13	IT14	IT15	IT16	IT17	IT18
大于	至	公差值/μm											公差值/mm						
—	3	0.8	1.2	2	3	4	6	10	14	25	40	60	0.1	0.14	0.25	0.4	0.6	1	1.4
3	6	1	1.5	2.5	4	5	8	12	18	30	48	75	0.12	0.18	0.3	0.45	0.75	1.2	1.8
6	10	1	1.5	2.5	4	6	9	15	22	36	58	90	0.15	0.22	0.36	0.58	0.9	1.5	2.2
10	18	1.2	2	3	5	8	11	18	27	43	70	110	0.18	0.27	0.43	0.7	1.1	1.8	2.7
18	30	1.5	2.5	4	6	9	13	21	33	52	84	130	0.21	0.33	0.52	0.84	1.3	2.1	3.3
30	50	1.5	2.5	4	7	11	16	25	39	62	100	160	0.25	0.39	0.62	1	1.6	2.5	3.9
50	80	2	3	5	8	13	19	30	46	74	120	190	0.3	0.46	0.74	1.2	1.9	3	4.6
80	120	2.5	4	6	10	15	22	35	54	87	140	220	0.35	0.54	0.87	1.4	2.2	3.5	5.4
120	180	3.5	5	8	12	18	25	40	63	100	160	250	0.4	0.63	1	1.6	2.5	4	6.3
180	250	4.5	7	10	14	20	29	46	72	115	185	290	0.46	0.72	1.15	1.85	2.6	4.6	7.2
250	315	6	8	12	16	23	32	52	81	130	210	320	0.52	0.81	1.3	2.1	3.2	5.2	8.1
315	400	7	9	13	18	25	36	57	89	140	230	360	0.57	0.89	1.4	2.3	3.6	5.7	8.9
400	500	8	10	15	20	27	40	63	97	155	250	400	0.63	0.97	1.55	2.5	4	6.3	9.7

注：公称尺寸小于1mm时，无IT14至IT18。

公差带相对零线的位置由基本偏差来确定。基本偏差通常是指靠近零线的那个偏差，它可以是上极限偏差或下极限偏差，当公差带在零线上方时，基本偏差为下极限偏差；反之则为上极限偏差。基本偏差的代号用字母表示。根据实际需要，国家标准分别对孔和轴各规定28个不同的基本偏差，如图8-5所示。

从图8-5中可知：

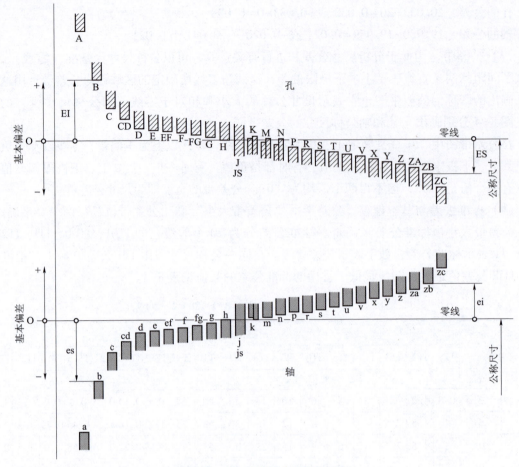

图 8-5 孔和轴的基本偏差示意图

（1）基本偏差代号用拉丁字母（一个或两个）表示，大写字母代表孔，小写字母代表轴。

（2）轴的基本偏差从 a~h 为上极限偏差，从 j~zc 为下极限偏差。js 的上、下极限偏差分别为 $+\frac{IT}{2}$ 和 $-\frac{IT}{2}$，其基本偏差可以为上极限偏差或下极限偏差。

（3）孔的基本偏差从 A~H 为下极限偏差，从 J~ZC 为上极限偏差。JS 的上、下极限偏差分别为 $+\frac{IT}{2}$ 和 $-\frac{IT}{2}$，其基本偏差可以为上极限偏差或下极限偏差。

（4）轴或孔的另一极限偏差值应根据轴或孔的基本偏差和标准公差按以下代数式计算：

轴的另一极限偏差（上极限偏差或下极限偏差）：es＝ei＋IT 或 ei＝es－IT

孔的另一极限偏差（上极限偏差或下极限偏差）：ES＝EI＋IT 或 EI＝ES－IT

当孔或轴的基本偏差和标准公差确定之后，其公差带的大小和位置也就随之确定。

（5）公差带代号。孔、轴的尺寸公差可用公差带代号表示。公差带代号由基本偏差代号（字母）和标准公差等级代号（数字）组成，如图 8-6 所示。

$\phi50H8$ 的含义：公称尺寸为 $\phi50$，基本偏差代号为 H 的 8 级孔，其公差带代号为 H8。

$\phi50f7$ 的含义：公称尺寸为 $\phi50$，基本偏差代号为 f 的 7 级轴，其公差带代号为 f7。

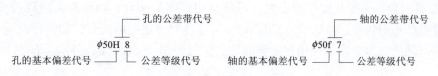

图 8-6　公差带代号解读

4) 配合

一批公称尺寸相同的孔和轴相互结合其公差带之间的关系称为配合。根据使用要求不同，孔和轴之间的配合有松有紧：例如轴承座、轴套和轴三者之间的配合如图 8-7 所示，轴套与轴承座之间不允许相对运动，应选择紧的配合，而轴在轴套内要求能转动，应选择松动的配合。为此，国家标准规定的配合分为三类：

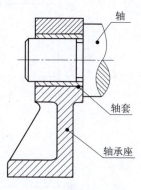

图 8-7　配合的概念

(1) 间隙配合　一批孔轴在配合时，都会出现间隙（包括最小间隙等于零）的配合（注：孔的实际尺寸-轴的实际尺寸>0，即间隙量为正数）。两者装配在一起后，轴与孔之间存在间隙，轴在孔中能相对运动。这时，孔的公差带在轴的公差带之上，如图 8-8 所示。

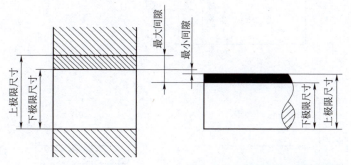
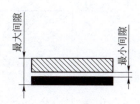

图 8-8　间隙配合公差带图

(2) 过盈配合　一批孔轴在配合时，都会出现过盈（包括最小过盈量等于零）的配合（注：过盈量：孔实际尺寸-轴实际尺寸<0，为负）。两者在装配时需要一定的外力或使带孔零件加热膨胀后，才能把轴压入孔中，所以轴与孔装配在一起后不能产生相对运动并起联结作用。这时，孔的公差带在轴的公差带之下，如图 8-9 所示。

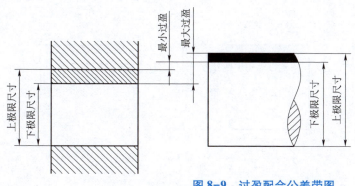
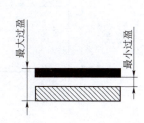

图 8-9　过盈配合公差带图

（3）过渡配合　一批孔轴在配合时，可能会出现间隙配合，也可能会出现过盈配合，但间隙或过盈量都相对较小。这种介于间隙配合与过盈配合之间的配合，即为过渡配合。这时，孔的公差带与轴的公差带将出现相互重叠部分，如图 8-10（a）、(b)、(c)、(d) 所示。

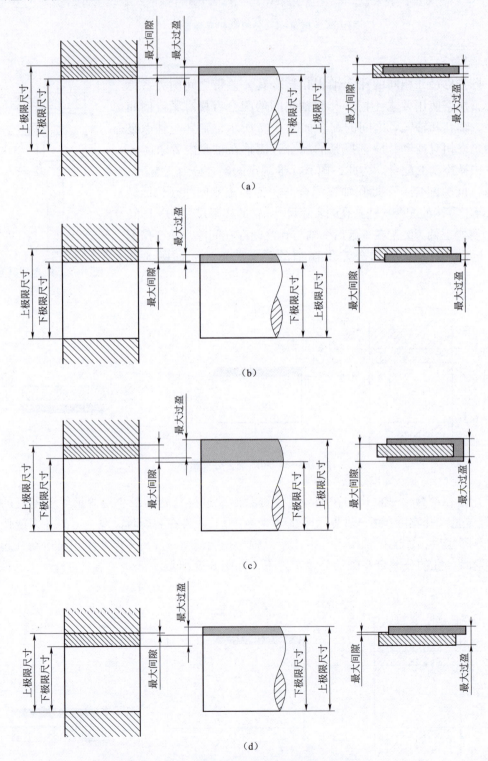

图 8-10　过渡配合的公差示意图及公差带图

5）配合制度

孔和轴公差带形成配合的一种制度，称为配合制度。根据生产实际需要，国家标准规定了两种配合制度。

（1）基孔制配合　基本偏差一定的孔的公差带，与不同基本偏差的轴的公差带形成不同松紧程度配合的一种制度。基孔制配合的孔称为基准孔，其基本偏差代号为"H"，下极限偏差为零，即它的下极限尺寸等于公称尺寸，如图 8-11 所示。

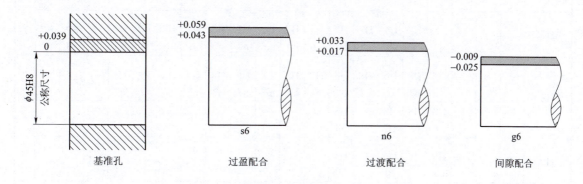

图 8-11　基孔制配合

（2）基轴制配合　基本偏差一定的轴的公差带，与不同基本偏差的孔的公差带形成不同松紧程度配合的一种制度。基轴制配合的轴称为基准轴，其基本偏差代号为"h"，上极限偏差为零，即它的上极限尺寸等于公称尺寸，如图 8-12 所示。

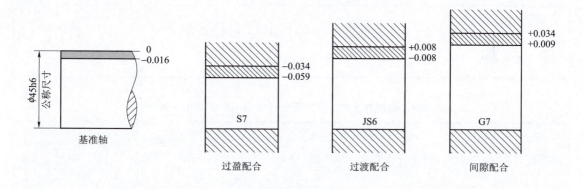

图 8-12　基轴制配合

6）优先常用配合

在配合代号中，一般孔的基本偏差代号为"H"的，表示基孔制；轴的基本偏差代号为"h"的，表示基轴制。20 个标准公差等级和 28 种基本偏差代号可组成大量的配合。国家标准根据孔、轴的公差带规定一系列基孔制和基轴制的优先和常用配合，供设计时选用，详见表 8-2 和表 8-3。

表 8-2 基孔制优先、常用配合（摘自 GB/T 1801—2009）

基准孔	轴																				
	a	b	c	d	e	f	g	h	js	k	m	n	p	r	s	t	u	v	x	y	z
	间隙配合								过渡配合				过盈配合								
H6						$\frac{H6}{f5}$	$\frac{H6}{g5}$	$\frac{H6}{h5}$	$\frac{H6}{js5}$	$\frac{H6}{k5}$	$\frac{H6}{m5}$	$\frac{H6}{n5}$	$\frac{H6}{p5}$	$\frac{H6}{r5}$	$\frac{H6}{s5}$	$\frac{H6}{t5}$					
H7						$\frac{H7}{f6}$	$\frac{H7}{g6}$	$\frac{H7}{h6}$	$\frac{H7}{js6}$	$\frac{H7}{k6}$	$\frac{H7}{m6}$	$\frac{H7}{n6}$	$\frac{H7}{p6}$	$\frac{H7}{r6}$	$\frac{H7}{s6}$	$\frac{H7}{t6}$	$\frac{H7}{u6}$	$\frac{H7}{v6}$	$\frac{H7}{x6}$	$\frac{H7}{y6}$	$\frac{H7}{z6}$
H8					$\frac{H8}{e7}$	$\frac{H8}{f7}$	$\frac{H8}{g7}$	$\frac{H8}{h7}$	$\frac{H8}{js7}$	$\frac{H8}{k7}$	$\frac{H8}{m7}$	$\frac{H8}{n7}$	$\frac{H8}{p7}$	$\frac{H8}{r7}$	$\frac{H8}{s7}$	$\frac{H8}{t7}$	$\frac{H8}{u7}$				
				$\frac{H8}{d8}$	$\frac{H8}{e8}$	$\frac{H8}{f8}$		$\frac{H8}{h8}$													
H9			$\frac{H9}{c9}$	$\frac{H9}{d9}$	$\frac{H9}{e9}$	$\frac{H9}{f9}$		$\frac{H9}{h9}$													
H10			$\frac{H10}{c10}$	$\frac{H10}{d10}$				$\frac{H10}{h10}$													
H11	$\frac{H11}{a11}$	$\frac{H11}{b11}$	$\frac{H11}{c11}$	$\frac{H11}{d11}$				$\frac{H11}{h11}$													
H12		$\frac{H12}{b12}$						$\frac{H12}{h12}$													

注：① $\frac{H6}{n5}$、$\frac{H7}{p6}$ 在公称尺寸 ≤3 mm 和 $\frac{H8}{r7}$ 的公称尺寸 ≤100，为过渡配合；
② 标注 ▼ 的为优先配合。

表 8-3 基轴制优先、常用配合（摘自 GB/T 1801—2009）

基准轴	孔																				
	A	B	C	D	E	F	G	H	JS	K	M	N	P	R	S	T	U	V	X	Y	Z
	间隙配合								过渡配合				过盈配合								
h5						$\frac{F6}{h5}$	$\frac{G6}{h5}$	$\frac{H6}{h5}$	$\frac{JS6}{h5}$	$\frac{K6}{h5}$	$\frac{M6}{h5}$	$\frac{N6}{h5}$	$\frac{P6}{h5}$	$\frac{R6}{h5}$	$\frac{S6}{h5}$	$\frac{T6}{h5}$					
h6						$\frac{F7}{h6}$	$\frac{G7}{h6}$	$\frac{H7}{h6}$	$\frac{JS7}{h6}$	$\frac{K7}{h6}$	$\frac{M7}{h6}$	$\frac{N7}{h6}$	$\frac{P7}{h6}$	$\frac{R7}{h6}$	$\frac{S7}{h6}$	$\frac{T7}{h6}$	$\frac{U7}{h6}$				
h7					$\frac{E8}{h7}$	$\frac{F8}{h7}$		$\frac{H8}{h7}$	$\frac{JS8}{h7}$	$\frac{K8}{h7}$	$\frac{M8}{h7}$	$\frac{N8}{h7}$									
h8				$\frac{D8}{h8}$	$\frac{E8}{h8}$	$\frac{F8}{h8}$		$\frac{H8}{h8}$													

续表

基准轴	孔																				
	A	B	C	D	E	F	G	H	JS	K	M	N	P	R	S	T	U	V	X	Y	Z
	间隙配合								过渡配合				过盈配合							
h9				D9/h9	E9/h9	F9/h9		H9/h9													
h10				D10/h10				H10/h10													
h11	A11/h11	B11/h11	C11/h11	D11/h11				H11/h11													
h12		B12/h12						H12/h12													

注：标注▶的为优先配合。

7) 极限与配合的标注与查表

(1) 在装配图上的标注方法　在装配图上标注配合代号时，采用组合式标注法，如图 8-13 所示，在公称尺寸后面用分式表示，分子为孔的公差带代号，分母为轴的公差带代号。

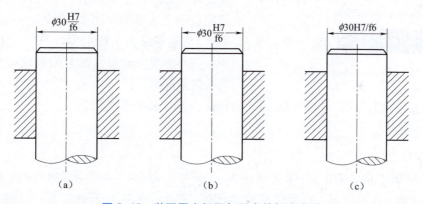

图 8-13　装配图上极限与配合的标注方法

(2) 在零件图上的标注方法　在零件图上标注公差有三种形式：在公称尺寸后只注公差带代号（图 8-14（a）），或只注极限偏差（图 8-14（b）），或代号和极限偏差标注（图8-14（c））。用于大批量生产的零件图，可只注公差带代号，图 8-14（a）；用于中小批量生产的零件图，一般可只注极限偏差，图 8-14（b）；如要求同时标注公差带代号及相应的极限偏差时，其极限偏差应加上圆括号，如图 8-14（c）所示。

(3) 极限偏差值的查表示例。

例 1　查表写出 $\phi 30H7/g6$ 的极限偏差数值，并说明属于何种配合制度和配合类别。

$\phi 30H7$ 基准孔的极限偏差由附表《优先及常用配合中孔的极限偏差》中查得。在表中由公称尺寸>24~30mm 的行和公差带 H7 的列交汇处查得 $^{+21}_{\ 0}$ μm，这就是孔的上、下极限偏差，

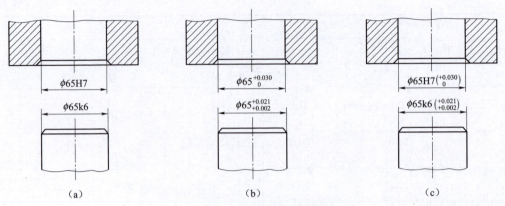

图 8-14 零件图上极限与配合的标注方法

换算写成 $^{+0.021}_{0}$ mm，标注为 $\phi 30^{+0.021}_{0}$；基准孔的公差为 0.021mm，这在表 8-1《标准公差数值》中公称尺寸>18~30mm 的行和 IT7 的列交汇处也能得到 21μm（即 0.021mm）。

$\phi 30$g6 轴的极限偏差由附表《优先及常用配合中轴的极限偏差》中查得。在表中由公称尺寸>24~30mm 的行和公差带为 g6 的列交汇处查得 $^{-7}_{-20}$μm，这就是轴的上、下极限偏差 $^{-0.007}_{-0.020}$ mm，标注为 $\phi 30^{-0.007}_{-0.020}$。

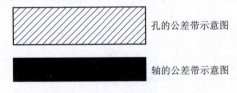

图 8-15 例 $\phi 30$ H7/g6 的公差带示意图

从 $\phi 30$ H7/g6 公差带图 8-15 中可看出孔的公差带在轴的公差带之上，所以该配合为基孔制间隙配合。$\phi 30$ H7/g6 的含义为：公称尺寸为 $\phi 30$、公差等级为 7 级的基准孔，与相同公称尺寸、公差等级为 6 级、基本偏差代号为 g 的轴组成的间隙配合。

请大家查表自行分析 $\phi 14$N7/h6 属于何种配合制度和配合类别。

8.1.4.2 几何公差

1）基本概念

经过切削加工的零件，不仅会产生尺寸误差，还会产生形状和相对位置误差，如图 8-16 所示轴与孔的配合，即使轴的尺寸合格，但由于轴存在形状误差——弯曲，其实际起作用的尺寸应为 $\phi 22.023$mm，从而影响装配和使用性能；不能满足设计要求。

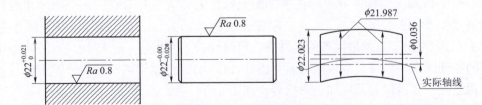

图 8-16 形状误差

又如图 8-17 所示，左端盖上两个安装齿轮轴的孔，如果两孔轴线倾斜太大，势必影响一对齿轮的啮合传动。为保证正常的啮合，必须标注方向公差——平行度。图中代号的含义:左端盖上与从动齿轮轴配合的孔的回转轴线对与主动齿轮轴配合的孔的回转轴线的平行度的公差值为 $\phi 0.04$。

由上面两例可见,为保证零件的装配和使用要求,在图样上除给出尺寸及其公差要求外,还必须给出几何公差(形状、方向、位置和跳动公差)要求。形位公差在图样上的注法应按照 GB/T 1182—2008 的规定。

2) 公差符号

几何公差的几何特征和符号见表 8-4。

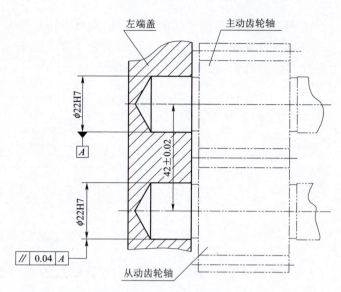

图 8-17 位置公差示例

表 8-4 几何特征符号(摘自 GB/T 1182—2008)

类型	几何特征	符号	有或无基准要求	类型	几何特征	符号	有或无基准要求
形状公差	直线度	—	无	方向公差	平行度	∥	有
	平面度	⌒	无		垂直度	⊥	有
	圆度	○	无		倾斜度	∠	有
	圆柱度	⌿	无	位置公差	位置度	⊕	有或无
	线轮廓度	⌒	有或无		同轴(同心)度	◎	有
	面轮廓度	⌒	有或无		对称度	=	有
				跳动公差	圆跳动	↗	有
					全跳动	↗↗	有

3) 几何公差在图样上的标注

(1) 公差框格 用公差框格标注几何公差时,公差要求注写在划分成两格或多格的矩形框格内,如图 8-18 所示。

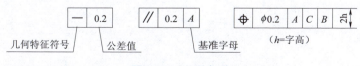

图 8-18 公差框格

（2）被测要素的标注　用箭头的指引线将框格与被测要素相连，按以下方式相连：

当公差涉及轮廓线或表面时，将箭头置于要素的轮廓线或轮廓线的延长线上（必须与尺寸线明显的分开），如图8-19（a）所示。

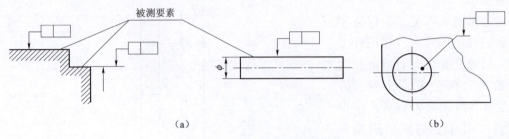

图8-19　被测要素和公差框格

（3）当指向实际表面时，箭头可置于带点的参考线上，该点指在实际表面上，如图8-19（b）所示。

（4）当被测要素为轴线或中心平面时，箭头应位于尺寸线的延长线上，若公差值前面加注φ，表示给定的公差带为圆形或圆柱形，如图8-20所示。

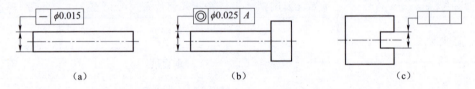

图8-20　被测要素为轴线或中心平面

（5）基准要素的标注　基准要素是零件上用来建立基准并实际起基准作用的实际（组成）要素（如一条边、一个表面等），用基准符号（字母注写在基准方格内，与一个涂黑的三角形相连）表示，表示基准的字母也应注写在公差框格内，如图8-21所示，基准三角形画法如图8-22所示。涂黑的和空白的基准三角形含义相同。

（6）当基准要素是轮廓线或轮廓面时，基准三角形放置在要素的轮廓线或其延长线上（与尺寸线明显错开），如图8-23所示。

（7）当基准要素是轴线或中心平面时，基准三角形应放置在该尺寸线的延长线上，如图8-24所示。如果没有足够的位置标注基准要素尺寸的两个箭头，则其中一个箭头可用基准三角形代替。

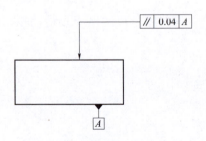

图8-21　基准符号注写

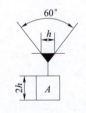

图8-22　基准符号书写格式

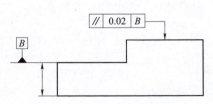

图8-23　基准要素为平面时的注法

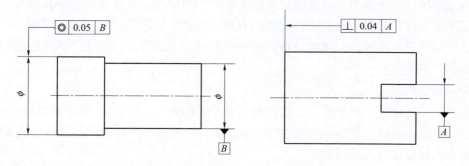

图 8-24　基准要素为轴线或中心平面时的注法

（4）几何公差标注示例（如图 8-25 所示）。

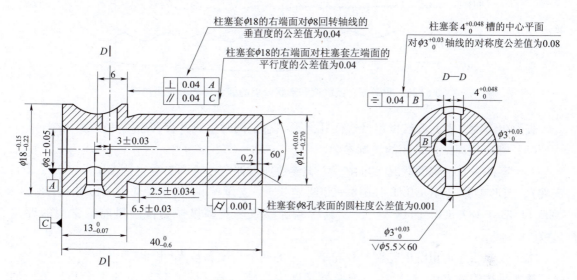

图 8-25　几何公差标注示例

8.1.4.3　表面结构的图样表示法

在机械图样上，为保证零件装配后的使用要求，除了对零配件各部分的尺寸、形状和位置给出公差要求，还要根据功能需要对零件的表面质量——表面结构给出要求。表面结构是表面粗糙度、表面波纹度、表面缺陷、表面纹理和表面几何形状的总称。表面结构的各项要求在图样上的表示法在 GB/T 131—2006 中均有具体规定。本节主要介绍常用的表面粗糙度表示法。

1）基本概念及术语

（1）表面粗糙度。

零件经过机械加工后的表面会留有许多高低不平的凸峰和凹谷，零件加工表面上具有较小间距与峰谷所组成的微观几何形状特性称为表面粗糙度。表面粗糙度与加工方法、刀刃形状和走刀量等各种因素都有密切关系。

表面粗糙度是评定零件表面质量的一项重要技术指标，对于零件的配合、耐磨性、抗腐蚀性以及密封性等都有显著影响，是零件图中必不可少的一项技术要求。

零件表面粗糙度的选用，应既满足零件表面的功用要求，又要考虑经济合理。一般情况下，凡是零件上有配合要求或有相对运动的表面，粗糙度参数值要小，参数值越小，表面质量越高，但加工成本也越高，因此，在满足使用要求的前提下，应尽量选用较大的参数值，以降低成本。

（2）表面波纹度。

在机械加工过程中，由于机床、工件和刀具系统的振动，在工件表面所形成的间距比表面粗糙度大得多的表面不平度称为波纹度，如图 8-26 所示。零件表面的波纹度是影响零件使用寿命和引起振动的重要因素。

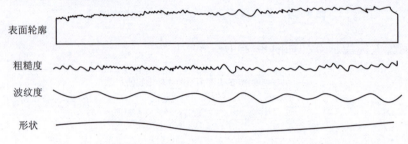

图 8-26　粗糙度、波纹度和形状公差的综合影响的表面轮廓

表面粗糙度、表面波纹度以及表面几何形状总是同时生成并存在于同一表面内的。

（3）评定表面结构常用的轮廓参数。

对于零件表面结构的状况，可由三大类参数加以评定：轮廓参数（由 GB/T 3505—2000 定义）、图形参数（由 GB/T 18618—2009 定义）、支承率曲线参数（由 GB/T 18778.2—2003 和 GB/T 18778.3—2006 定义）。其中轮廓参数是我国机械图样中目前最常用的评定参数。

本节仅介绍评定粗糙度轮廓（R 轮廓）中的两个高度参数 Ra 和 Rz。

算术平均偏差 Ra　是指在一个取样长度内纵坐标值 $Z(x)$ 绝对值的算术平均值，如图 8-27 所示。

轮廓的最大高度 Rz　是指在同一取样长度内，最大轮廓峰高和最大轮廓谷深之和的高度（见图 8-27）。

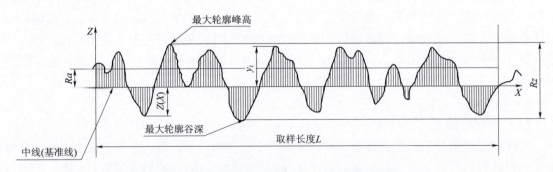

图 8-27　轮廓的算术平均偏差 Ra 和轮廓最大高度 Rz

轮廓算术平均偏差 Ra 定义为：在取样长度 L 内，轮廓偏距绝对值的算术平均值，如图

8-27 所示，其近似值为：$Ra = \dfrac{1}{n}\sum_{i=1}^{n}|z_i|$

2）标注表面结构的图形符号

标注表面结构要求时的图形符号种类、名称、尺寸及其含义见表 8-5。

表 8-5 表面结构符号

符号名称	符 号	含 义
基本图形符号	$H_1=1.4h$ $H_2=3h$ $h=$字体高度，60°	未指定工艺方法的表面，当通过一个注释解释时可单独使用
扩展图形符号		用去除材料的方法获得的表面
		用不去除材料的方法获得的表面，或保持上道工序形成的表面
完整图形符号		在以上各种符号的上面加一横线，以便注写对表面结构各种要求

超过极限值有两种含义：当给定上限值时，超过是指大于给定值；当给定下限值时，超过是指小于给定值。

当在图样某个视图上构成封闭轮廓的各表面有相同的表面结构要求时，在完整图形符号上加一圆圈，标注在图样中工件的封闭轮廓线上，如图 8-28 所示。

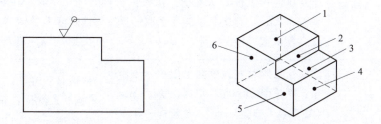

图 8-28 对周边各面有相同的表面结构要求的注法

注：图示的表面结构符号是指对图形中封闭轮廓的六个面的共同要求（不包括前后面）

3）表面结构要求在图形符号中的注写位置

为了明确表面结构要求，除了标注表面结构参数和数值外，必要时应标注补充要求，包括传输带、取样长度、加工工艺、表面纹理及方向、加工余量等。这些要求在图形符号中的注写位置如图 8-29 所示。

表面纹理是指完工零件表面上呈现的，与切削运动轨迹相应的图案，各种纹理方向的符号及其含义可参阅 GB/T 131。

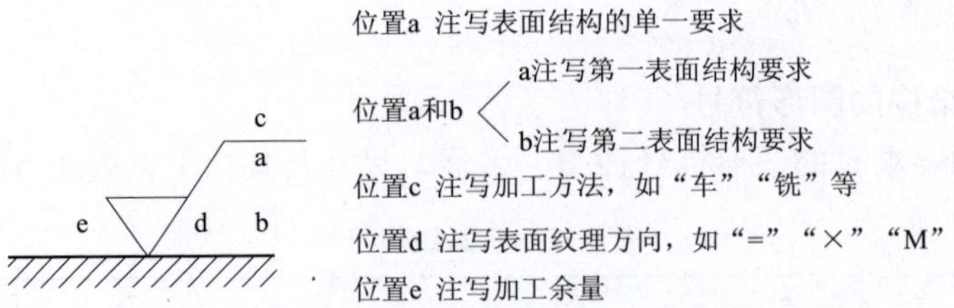

位置a 注写表面结构的单一要求

位置a和b ⎰ a注写第一表面结构要求
        ⎱ b注写第二表面结构要求

位置c 注写加工方法，如"车""铣"等

位置d 注写表面纹理方向，如"="、"×"、"M"

位置e 注写加工余量

图 8-29 补充要求的注写

4）表面结构代号

表面结构符号中注写了具体参数代号及数值等要求后即称为表面结构代号。表面结构代号的示例及含义见表 8-6。

表 8-6 表面结构代号示例

NO.	代号示例	含义/解释	补充说明
1	$Ra\ 0.8$	表示不允许去除材料，单向上限值，默认传输带，R 轮廓，算术平均偏差 $0.8\ \mu m$，评定长度为 5 个取样长度（默认），"16% 规则"（默认）	参数代号与极限值之间应留空格（下同），本例未标注传输带，应理解为默认传输带，此时取样长度可由 GB/T 10610 和 GB/T 6062 中查取
2	$Rzmax\ 0.2$	表示去除材料，单向上限值，默认传输带，R 轮廓，粗糙度最大高度的最大值 $0.2\ \mu m$，评定长度为 5 个取样长度（默认），"最大规则"	示例 No.1～No.4 均为单向极限要求，且均为单向上限值，则均可不加注"U"，若为单向下限值，则应加注"L"
3	$0.008-0.8/Ra\ 3.2$	表示去除材料，单向上限值，传输带 $0.008—0.8\ mm$，R 轮廓，算术平均偏差 $3.2\ \mu m$，评定长度为 5 个取样长度（默认），"16% 规则"（默认）	传输带"0.008—0.8"中的前后数值分别为短波和长波滤波器的截止波长（λ_s-λ_c），以示波长范围。此时取样长度等于 λ_c，即 $l_r = 0.8\ mm$
4	$-0.8/Ra\ 3.2$	表示去除材料，单向上限值，传输带：根据 GB/T 6062，取样长度 $0.8\ mm$（λ_s 默认 $0.002\ 5\ mm$），R 轮廓，算术平均偏差 $3.2\ \mu m$，评定长度包含 3 个取样长度，"16% 规则"（默认）	传输带仅注出一个截止波长值（本例 0.8 表示 λ_c 值）时，另一截止波长值 λ_s 应理解为默认值，由 GB/T 6062 中查知 $\lambda_s = 0.002\ 5\ mm$
5	$U\ Ramax\ 3.2$ $L\ Ra\ 0.8$	表示不允许去除材料，双向极限值，两极限值均使用默认传输带，R 轮廓，上限值：算术平均偏差 $3.2\ \mu m$，评定长度为 5 个取样长度（默认），"最大规则"，下限值：算术平均偏差 $0.8\ \mu m$，评定长度为 5 个取样长度（默认），"16% 规则"（默认）	本例为双向极限要求，用"U"和"L"分别表示上限值和下限值。在不致引起歧义时，可不加注"U""L"

5）表面结构要求在图样中的注法

（1）表面结构要求对每一表面一般只注一次，并尽可能注在相应的尺寸及其公差的同一视图上。除非另有说明，所标注的表面结构要求是对完工零件表面的要求。

（2）表面结构的注写和读取方向与尺寸的注写和读取方向一致。表面结构要求可标注在轮廓线上，其符号应从材料外指向并接触表面，如图8-30所示。必要时，表面结构也可用带箭头或黑点的指引线引出标注，如图8-31所示。

（3）在不致引起误解时，表面结构要求可以标注在给定的尺寸线上，如图8-32所示。

（4）表面结构要求可标注在形位公差框格的上方，如图8-33所示。

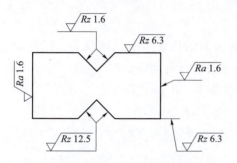

图8-30 表面结构要求在轮廓上标注

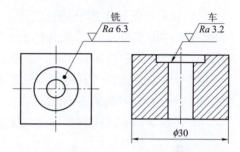

图8-31 用引线引出标注表面结构要求

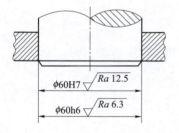

图8-32 表面结构要求标注在尺寸线上

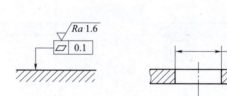

图8-33 表面结构要求标注在形位公差框格的上方

（5）圆柱和棱柱表面的表面结构要求只标注一次，如图8-34所示，如果每个棱柱表面有不同的表面要求，则应分别单独标注，如图8-35所示。

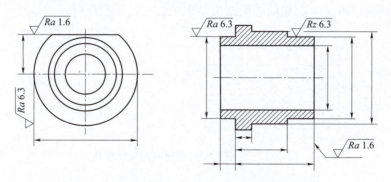

图8-34 表面结构要求标注在圆柱特征的延长线上

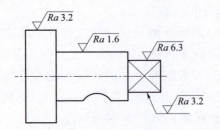

图 8-35 圆柱和棱柱的表面结构要求的注法

(6) 表面结构要求在图样中的简化注法。

① 有相同表面结构要求的简化注法。

如果在工件的多数（包括全部）表面有相同的表面结构要求时，则其表面结构要求可统一标注在图样的标题栏附近。此时，表面结构要求的符号后面应有：

在圆括号内给出无任何其他标注的基本符号，如图 8-36（a）所示。

在圆括号内给出不同的表面结构要求，如图 8-36（b）所示。

不同的表面结构要求应直接标注在图形中，如图 8-36（a）、(b) 所示。

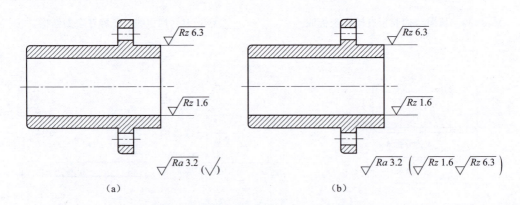

图 8-36 大多数表面有相同表面结构要求的简化注法

② 多个表面有共同要求的注法。

用带字母的完整符号的简化注法，如图 8-37 所示，用带字母的完整符号，以等式的形式在图形或标题栏附近，对有相同表面结构要求的表面进行简化标注。

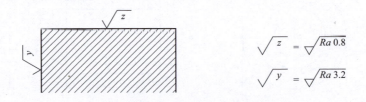

图 8-37 在图纸空间有限时的简化注法

只用表面结构符号的简化注法，如图 8-38 所示，用表面结构符号，以等式的形式给出对多个表面共同的表面结构要求。

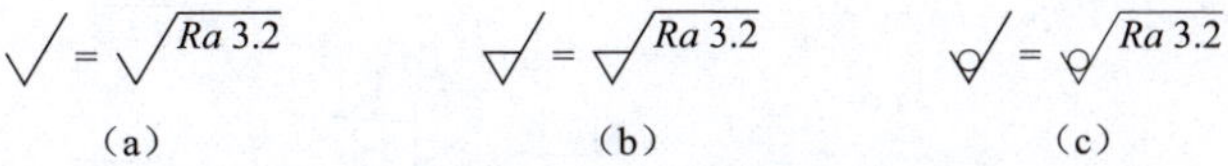

$$\sqrt{} = \sqrt{Ra\,3.2} \qquad \sqrt{} = \sqrt{Ra\,3.2} \qquad \sqrt{} = \sqrt{Ra\,3.2}$$
(a) (b) (c)

图 8-38 多个表面结构要求的简化注法
(a) 未指定工艺方法；(b) 要求去除材料；(c) 不允许去除材料

③ 两种或多种工艺获得的同一表面的注法。

由几种不同的工艺方法获得的同一表面，当需要明确每种工艺方法的表面结构要求时，可按图 8-39（a）所示进行标注（图中 Fe 表示基体材料为钢，Ep 表示加工工艺为电镀）。

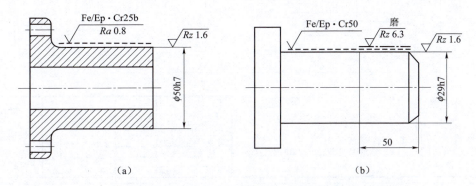

图 8-39 多种工艺获得同一表面的注法

如图 8-39（b）所示为三个连续的加工工序的表面结构、尺寸和表面处理的标注。

第一道工序：单向上限值，$Rz=1.6\,\mu m$，"16%规则"（默认），默认评定长度，默认传输带，表面纹理没有要求，去除材料的工艺。

第二道工序：镀铬，无其他表面结构要求。

第三道工序：一个单向上限值，仅对长为 50 mm 的圆柱表面有效，$Rz=6.3\,\mu m$，"16%规则"（默认），默认传输带，表面纹理没有要求，磨削加工工艺。

8.2 典型零件图的识读

根据零件结构的特点和用途，典型零件大致可分为轴（套）类、轮盘类、叉架类和箱体类四类典型零件。

8.2.1 轴（套）类零件

如图 8-40 所示为齿轮油泵装配体中的主动齿轮轴，如图 8-41 所示为主动齿轮轴零件图，分析轴（套）类零件的结构特点，总结轴（套）类零件视图常用的表达方案，并分析技术要求。

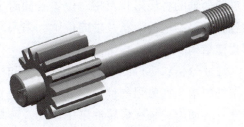

图 8-40 主动齿轮轴

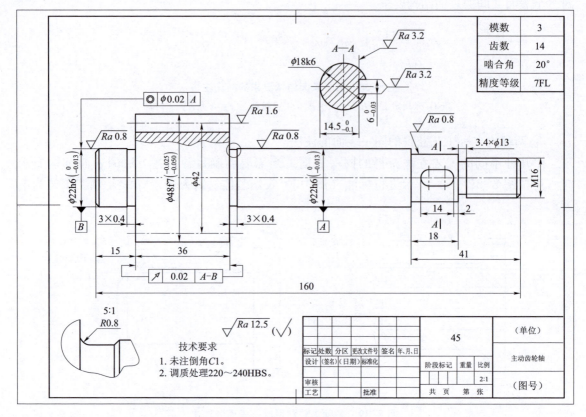

图 8-41 主动齿轮轴

1) 轴（套）类零件的结构特点分析

轴（套）类零件的主体大多数由位于同一轴线上数段直径不同的回转体组成，轴向尺寸一般比径向尺寸大，零件上常有轮齿、销孔、螺纹、退刀槽、越程槽、中心孔、油槽、倒角、圆角、锥度等结构。

2) 表达方案分析

为了便于加工看图，轴类零件的主视图按加工位置选择，通常将轴线水平放置，非圆视图水平摆放作为主视图，符合车削和磨削的加工位置，用局部视图、局部剖视图、断面图、局部放大图等作为补充。对于形状简单而轴向尺寸较长的部分常断开后缩短绘制。空心套类零件中由于多存在内部结构，一般采用全剖、半剖或局部剖绘制。

如图 8-41 所示主动齿轮轴零件图，采用了 3 个图形来表达。主视图采用了局部剖，反映了阶梯轴的各段形状及相对位置，同时也反映了轴上的轮齿、越程槽、键槽、退刀槽、螺纹各种局部结构的形状及轴向位置，采用断面图表达了键槽的深度，采用局部放大图表达了越程槽结构。

尺寸分析：零件图上的尺寸是加工和检验零件的重要依据，是零件图的重要内容之一，是图样中指令性最强的部分。在零件图上标注尺寸，必须做到：正确、完整、清晰、合理。考虑到主动齿轮轴在齿轮油泵中作用，选择了图中尺寸 36 的左端作为长度方向主要尺寸的基准位置，同时考虑到便于加工和测量，选择主动齿轮轴的右端面为辅助基准。径向尺寸基

准为 φ22h6 的轴线。

3) 技术要求分析

(1) 尺寸精度 两段 φ22h6 ($_{-0.013}^{0}$) 轴径的公称尺寸是 φ22，公差带的代号为 h6，基本偏差代号为 h，公差等级为 6，上极限偏差为 0，下极限偏差为 -0.013，键槽的深度的公称尺寸为 14.5，上极限偏差为 0，下极限偏差为 -0.1，轮齿段尺寸为 φ48f7 ($_{-0.050}^{-0.025}$)，采用的基孔制配合。

(2) 表面粗糙度 两段 φ22h6 ($_{-0.013}^{0}$) 轴段及键槽轴段的 Ra 值为 0.8 μm，键槽的 Ra 值为 3.2 μm，齿面的 Ra 的值为 1.6 μm，其余部分 Ra 值均为 12.5 μm。

(3) 几何公差 以右端 φ22h6 ($_{-0.013}^{0}$) 的轴线为基准 A，左端 φ22h6 ($_{-0.013}^{0}$) 的轴线对基准 A 的同轴度公差值为 φ0.02，齿轮轴段的两端面对两段 φ22h6 ($_{-0.013}^{0}$) 轴段的公共轴线的端面圆跳动的公差值为 0.02。

8.2.2 箱体类零件

箱体类零件的结构特点分析：箱壳类零件大致由以下几个部分构成：容纳运动零件和贮存润滑液的内腔，由厚薄较均匀的壁部组成，其上有支承和安装运动零件的孔及安装端盖的凸台（或凹坑）、螺孔等；将箱体固定在机座上的安装底板及安装孔；加强筋、润滑油孔、油槽、放油螺孔等。一般为铸件，结构复杂，如泵体、阀体、减速器箱体等都属于这类零件。

表达方案分析：通常以最能反映其形状特征及结构间相对位置的一面作为主视图的投影方向，以自然安放位置或工作位置作为主视图的摆放位置。一般需要两个或两个以上的基本视图才能将其主要结构形状表示清楚。常用局部视图、局部剖视图、向视图和斜视图等来表达尚未表达清楚的局部结构。

如图 8-42 所示是齿轮油泵装配体中的泵体。如图 8-43 所示为泵体零件图，请同学们自行分析泵体的结构特点，总结泵体类零件的表达方案，并分析尺寸及技术要求。

图 8-42 泵体

8.2.3 轮盘类零件

轮盘类零件的结构特点分析：其主体一般也由直径不同的回转体组成，径向尺寸比轴向尺寸大，常有退刀槽、凸台、凹坑、倒角、圆角、轮齿、轮辐、筋板、螺孔、键槽和作为定位或连接用孔等结构。常见的有齿轮、手轮、皮带轮、飞轮、法兰盘、端盖等。

表达方案分析：常以加工位置非圆视图轴线水平摆放作为主视图（常剖开绘制）。用左视图或右视图来表达轮盘上连接孔或轮辐、筋板等的数目和分布情况，用局部视图、局部剖视、断面图、局部放大图等作为补充。如图 8-44 所示，采用两个图形来表达零件，一个全剖主视图，反映了端盖的结构，并用左视图反映了沉孔的分布情况。

8.2.4 叉架类零件

叉架类零件结构特点分析：

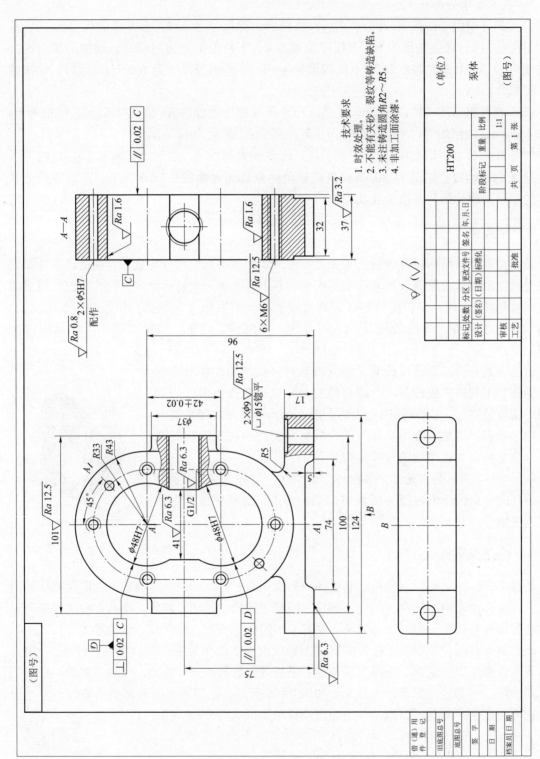

图8-43 泵体零件图

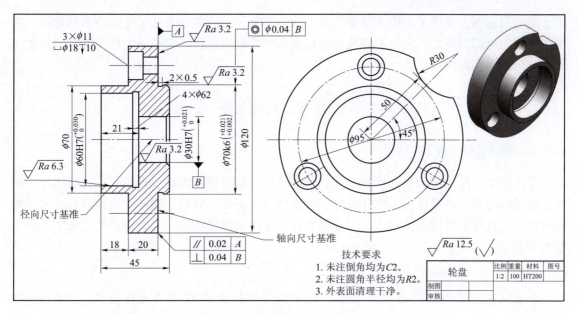

图 8-44 轮盘

此类零件多数由铸造或模锻制成毛坯，经机械加工而成，结构大都比较复杂，一般分为工作部分（与其他零配合或连接的套筒、叉口、支承板等）和连接部分（高度方向尺寸较小的棱柱体，其上常有凸台、凹坑、销孔、螺纹孔、螺栓过孔和成型孔等结构）。常见有各种拔叉、连杆、摇杆、支架、支座等。

表达方案分析：

零件一般将主要结构正放，选择零件形状特征明显的方向作为主视图的投影方向；除主视图外，一般还需1~2个基本视图才能将零件的主要结构表达清楚，常用局部视图、局部剖视图表达零件上的凹坑、凸台等；筋板、杆体等连接部分常用断面图表示其断面形状；用斜视图表示零件上的倾斜结构。如图8-45 所示零件采用了三个图形来表达零件，主视图采

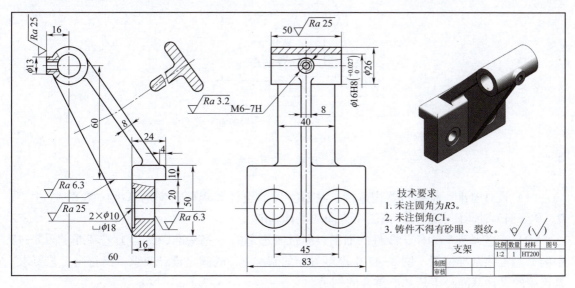

图 8-45 支架

用了两处局部剖，表达了上面夹紧螺孔和下面的安装孔，清楚地表达了支架的形状特征，左视图也采用局部剖方式，表达了安装孔的位置和安装板的形状，左视图上的局部剖表达了工作部分内部结构的圆柱孔。

8.3 典型零件工作图的绘制

8.3.1 零件图中的尺寸标注

零件图上的尺寸是加工和检验零件的重要依据，是零件图的重要内容之一，是图样中指令性最强的部分。在零件图上标注尺寸，必须做到：正确、完整、清晰、合理。标注尺寸的合理性，就是要求图样上所标注的尺寸既要符合零件的设计要求，又要符合工艺要求，便于加工和测量。

8.3.1.1 尺寸基准的种类

标注定位尺寸的起点为尺寸基准，通常以零件图上点线面为基准位置，如图8-46所示。

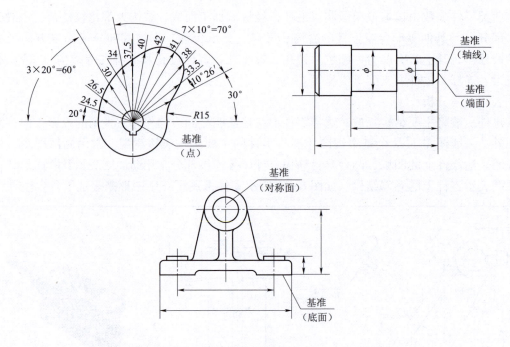

图 8-46 点线面均可作为基准

（1）设计基准 根据机器构造特点及对零件的设计要求而选择的基准。图8-47中 C、D、B 分别为轴承座长、宽、高三个方向的设计基准。

（2）工艺基准 为便于零件的加工、测量而选定的一些基准，称为工艺基准。图8-48中的 F 为工艺基准位置。图8-47中高度方向的基准 B，既满足设计要求，又符合工艺要求，是典型的设计基准与工艺基准重合的例子。

8.3.1.2 尺寸基准的选择

1) 选择原则

应尽量使设计基准与工艺基准重合，以减少尺寸误差，保证产品质量。

2) 三个方向尺寸基准

任何一个零件都有长、宽、高三个方向的尺寸，因此，每一个零件的三个方向至少各应有一个尺寸基准。

3) 主辅基准

零件的某个方向可能会有两个或两个以上的基准。一般只有一个是主要基准，其他为次要基准，或称辅助基准。应选择零件上重要几何要素作为主要基准。图 8-47 中 E 为高度方向的辅助基准。

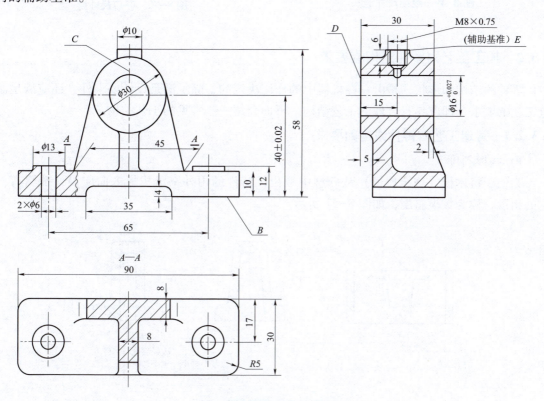

图 8-47 轴承座的尺寸标注

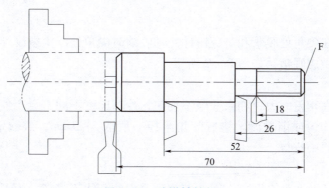

图 8-48 阶梯轴的加工

8.3.1.3 标注尺寸应注意的问题

（1）重要尺寸必须从设计基准直接注出　如图 8-47 中高度方向尺寸 40±0.02；
（2）一般应避免注成封闭尺寸链，如图 8-49 和图 8-50 所示。

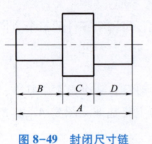

图 8-49　封闭尺寸链

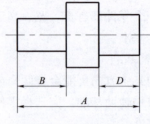

图 8-50　开口尺寸链

8.3.2　加工工艺对零件结构的要求

零件的结构和形状，是由它在机器中的作用决定的，除了满足设计要求外，还应满足制造工艺的要求，即应具有合理的工艺结构。下面介绍一些常见的工艺结构。

8.3.2.1　铸造工艺对铸件结构的要求

1）拔模斜度

为便于将木模（或金属模）从砂型中取出，铸件的内外壁沿拔模方向应设计成具有一定的斜度，称为拔模斜度，如图 8-51 所示。

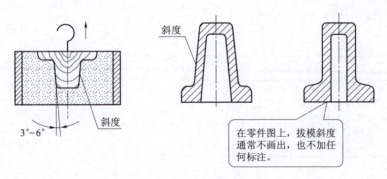

图 8-51　拔模斜度

2）铸造圆角

为了防止砂型在尖角处脱落和避免铸件冷却收缩时尖角处产生裂纹等各种铸造缺陷，铸件各表面相交处应做成圆角，如图 8-52 所示。

3）壁厚

铸件的壁厚不宜相差太大，如果壁厚不均匀，冷却速度不同，会产生缩孔和裂纹，因此应尽可使铸个壁厚均匀或渐过渡。铸造圆角半径一般取 3～5mm，或取壁厚的 0.2 倍～0.4 倍，也可从有关手册中查得。

4）过渡线

由于铸件表面的转角处有圆角，因此其表面产生的交线不清晰，为了看图时便于区分不

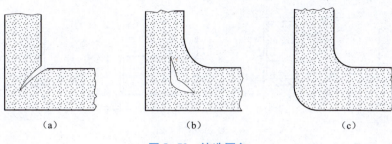

图 8-52 铸造圆角
(a) 裂纹；(b) 缩孔；(c) 正确

同的表面，在图中仍需画出理论上的交线，但两端不应与轮廓线接触，此线称为过渡线。过渡线用细实线绘制，如图 8-53 两圆柱面相交的过渡线画法。

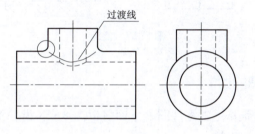

图 8-53 过渡线

8.3.2.2 机械加工工艺对零件结构的要求

1) 留出或加工出退刀槽、工艺孔等结构

在车削螺纹和磨削轴表面时，为了便于刀具或砂轮退出，常在待加工面的末端预先制出退刀槽或砂轮越程槽，如图 8-54 所示。

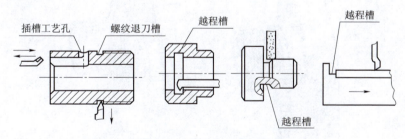

图 8-54 退刀槽与越程槽

2) 倒角和倒圆

零件经机械加工后，为了便于装配和避免尖角、毛刺等，一般都加工成 45°或非 45°的倒角，如图 8-55、图 8-56 所示。为避免产生应力集中，阶梯轴或阶梯孔的转角处，一般要倒圆，如图 8-57 所示。倒角和倒圆尺寸可由相应的国家标准查出。

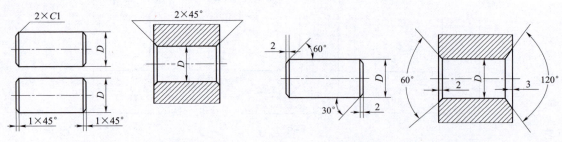

图 8-55　45°倒角的注法　　　　　图 8-56　非 45°倒角的注法

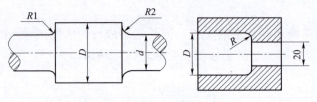

图 8-57　倒圆

8.3.3　典型零件工作图的绘制

在实际生产中，经常需要拆画零件图，下面将以图 8-58 齿轮油泵装配体中右端盖为载体介绍绘制零件图的方法和步骤。

（1）零件结构形状分析及视图的选择：图 8-58 右端盖是属于轮盘类典型零件中板盖类零件。它在齿轮油泵装配体中的位置如图 8-1 所示。在选择上，考虑到零件在机器中工作位置和安装位置，故选择 A 向作为主视图的投影方向，主视图采用旋转剖以表达内部结构。用左视图表达右端盖的外形轮廓及上面孔的分布情况。绘图步骤如图 8-59 所示。

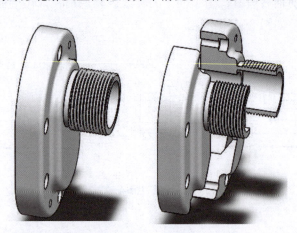

图 8-58　右端盖

（2）严格检查尺寸是否遗漏或重复，相关尺寸是否协调，以保证零件图、装配图的顺利绘制。

（3）此外在绘制零件工作图时，还应考虑到铸造工艺结构和加工工艺结构。如图 8-60 中的铸造圆角、孔口倒角、螺纹退刀槽等结构也应完整表达。

第8章 典型零件图画法、标注及识读

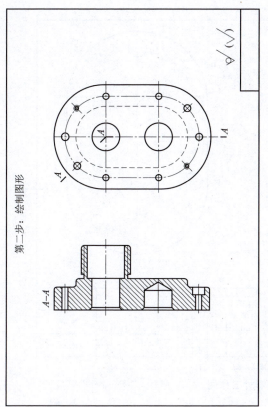
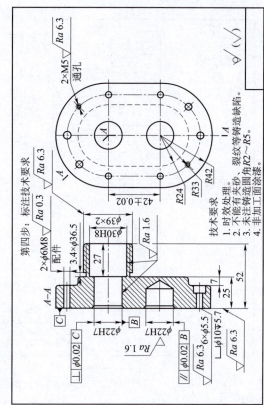
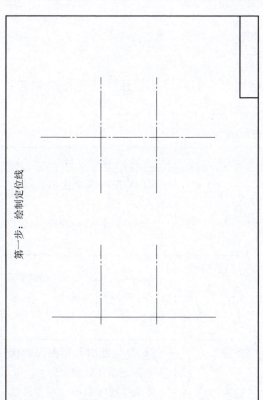
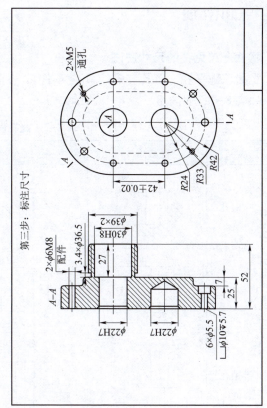

图 8-59 右端盖零件工作图的绘制步骤

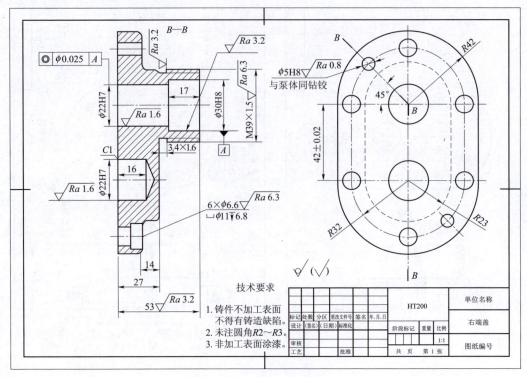

图 8-60　右端盖零件工作图

知识拓展

零件上常见孔的尺寸注法

光孔、锪平孔、沉孔和螺纹孔是零件常见的结构,它们的尺寸标注为普通注法和旁注法,如表 8-7、表 8-8、表 8-9 所示。

表 8-7　光孔的尺寸标注

结构类型		普通注法	旁　注　法	说　　明
光孔	一般孔	$4\times\phi5$	$4\times\phi5\downarrow10$　　$4\times\phi5\downarrow10$	$4\times\phi5$ 表示四个孔的直径均为 $\phi5$; 三种注法任选一种均可(下同)
	精加工孔	$4\times\phi5^{+0.012}_{0}$	$4\times\phi5^{+0.012}_{0}\downarrow10$　　$4\times\phi5^{+0.012}_{0}\downarrow10$	钻孔深为 12,钻孔后需精加工至 $\phi5^{+0.012}_{0}$,精加工深度为 10
	锥销孔	锥销孔 $\phi5$	锥销孔 $\phi5$　　锥销孔 $\phi5$	$\phi5$ 为与锥销孔相配的圆锥销小头直径(公称直径); 锥销孔通常是相邻两零件装在一起时加工的

第8章 典型零件图画法、标注及识读

表8-8 沉孔的尺寸标注

结构类型		普通注法	旁注法		说明
沉孔	锥形沉孔		6×φ7 ⌵φ13×90°	6×φ7 ⌵φ13×90°	6×φ7 表示6个孔的直径均为φ7。锥形部分大端直径为φ13，锥角为90°
	柱形沉孔		4×φ6.4 ⌴φ12▼4.5	4×φ6.4 ⌴φ12▼4.5	四个柱形沉孔的小孔直径为φ6.4，大孔直径为φ12，深度为4.5
	锪平面孔		4×φ9 ⌴φ20	4×φ9 ⌴φ20	锪平面φ20的深度不需标注，加工时一般锪平到不出现毛面为止

表8-9 螺纹孔的尺寸标注

结构类型		普通注法	旁注法		说明
螺纹孔	通孔	3×M6-7H	3×M6-7H	3×M6-7H	3×M6-7H 表示3个直径为6，螺纹中径、顶径公差带为7H的螺孔
	不通孔	3×M6-7H	3×M6-7H▼10	3×M6-7H▼10	深10是指螺孔的有效深度尺寸为10，钻孔深度以保证螺孔有效深度为准，也可查有关手册确定
	不通孔	3×M6	3×M6▼10 孔▼12	3×M6▼10 孔▼12	需要注出钻孔深度时，应明确标注出钻孔深度尺寸

先导案例解决

　　齿轮油泵上的零部件属于四种典型零件中的类型。左、右端盖属于轮盘类零件，泵体属于座体类零件，主动齿轮轴、从动齿轮轴、压紧螺母、套筒属于轴套类零件。我们可以根据这些零件所属类型选择合理表达方案，进行绘制零图。

● 生产学习经验 ●

1. 清楚零件图的内容及技术要求的含义；
2. 掌握典型零件结构特点及以常用的表达方案；
3. 掌握识读和绘制零件图的方法和步骤。

本章小结

本章重点讲解了零件的视图选择、技术要求、零件图中的尺寸标注、加工工艺对零件结构的要求、典型零件图的识读、典型零件工作图的绘制六个知识点，其中典型零件图的识读和绘制是本章的学习重点。

思考题

想一想：我们在今后的学习和工作中遇到的零部件属于哪种典型零件？尝试绘制识读其零件图。

第 9 章

装配图的识读与绘制

▶ 本章知识点

1. 了解装配图的基本内容；
2. 了解装配图的规定画法、特殊画法；
3. 掌握识读装配图以及由装配图拆画零件图的步骤和方法。

▶ 先导案例

装配图是用来表达机器或部件的图样。表示一台完整机器的图样，称为总装配图；表示一个部件的图样，称为部件装配图。

装配图主要表达机器或部件的工作原理、装配关系、结构形状和技术要求，并指导部件的装配、检验、调试、安装和维修等。因此，装配图是机械设计、制造、使用、维修以及进行技术交流的重要技术文件。

如图 9-1 是滑动轴承的装配图，这种图形上应有哪些内容？应该如何绘制？又如何从图形中拆出所需的零件呢？通过对本章的学习，这些问题都将迎刃而解。

9.1 装配图的内容和表示方法

9.1.1 装配图的内容

从图 9-1 所示滑动轴承装配图可以看出，一张完整的装配图包括以下基本内容。

1）一组视图

用来表达机器或部件的工作原理、零件间的装配关系、连接方式及主要零件的结构形状等。

2）必要的尺寸

标注出与机器或部件的性能、规格、装配和安装有关的尺寸。

3）技术要求

用符号、代号或文字说明机器或部件在装配、安装、调试等方面应达到的技术指标。

4）标题栏、序号及明细栏

在装配图上必须对每种零件编号，并在明细栏中依次列出零件序号、代号、名称、数量和材料等。标题栏中，写明机器或部件的名称、图号、绘图比例以及有关人员的签名等。

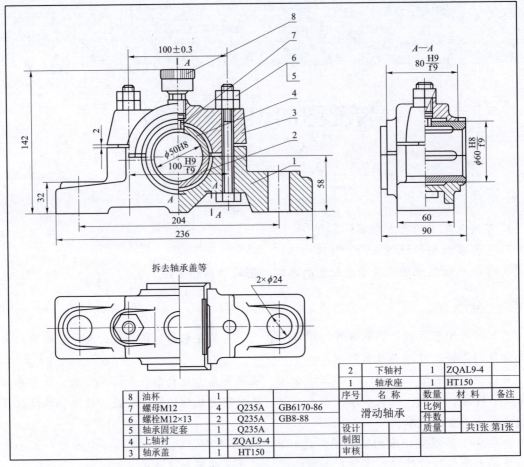

图 9-1 滑动轴承装配图

9.1.2 装配图的规定画法和特殊画法

零件图中的各种表达方法同样适用于装配图的表达，但装配图侧重表达装配体的结构特点、工作原理、装配关系以及各零件间的连接关系。为此，国家标准制订了装配图的规定画法和特殊画法。

9.1.2.1 装配图的规定画法

（1）在装配图中，对于紧固件以及轴、销等实心零件，若剖切平面通过其轴线剖切时，这些零件均按不剖绘制，如图 9-2 所示的轴、螺钉、轴承滚动体等；

（2）相邻零件的接触面或配合面，只画一条线。不接触面和非配合面，即使间隙很小也应分别画出两条各自的轮廓线，如图 9-2 所示的螺钉与端盖、端盖孔和轴等部位；

（3）两相邻零件的剖面线方向应相反或方向相同间隔不同，注意同一零件在同一图纸上各视图中的剖面线的方向和间隔必须一致，如图 9-2 所示。

9.1.2.2 装配图的特殊画法

1）拆卸画法

在装配图中，当某些零件遮住了需要表达的装配结构和装配关系时，可假想沿零件的结

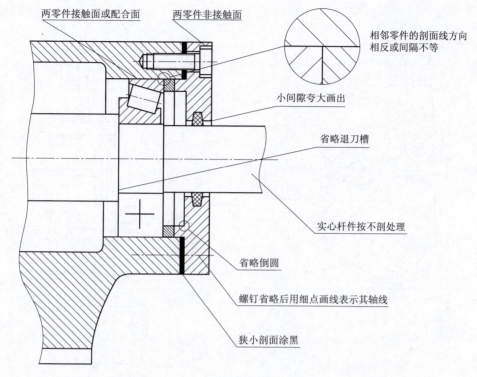

图 9-2　规定画法与简画画法

合面剖切或假想将某些零件拆卸后绘制，此时，在相应的视图上方应加注拆去"××"件。如图 9-1 俯视图所示。

2）假想画法

为了表示运动零件的运动范围或极限位置，可用粗实线画出该零件的轮廓，再用细双点画线画出其运动范围或极限位置，如图 9-3 挂轮架手柄的主视图中的 Ⅰ、Ⅱ、Ⅲ位置。

3）夸大画法

在装配图中，对于薄垫片、小间隙以及较小的斜度、锥度，如按实际尺寸画很难将其表达清楚，此时，可将零件或间隙适当夸大画出，如图 9-2 所示端盖孔和轴连接处的间隙。

4）单独表示零件

在装配图中，可以单独画出某一零件的视图，但必须在所画视图的上方注出该零件的视图名称，在相应的视图附近用箭头指明投射方向，并注写同样的字母，如图 9-4 所示泵盖 A。

5）简化画法

（1）在装配图中，零件的工艺结构如倒角、圆角、退刀槽等允许省略不画（如图 9-4 所示螺钉倒角和螺纹孔的光孔部分）；

（2）装配图中对于规格相同的零件组（如螺钉连接），可详细地画出一处，其余用细点画线表示其位置（如图 9-2 所示螺钉）；

（3）装配图中厚度小于或等于 2mm 的零件被剖开时，可以涂黑代替剖面线，如图 9-2 所示密封圈。

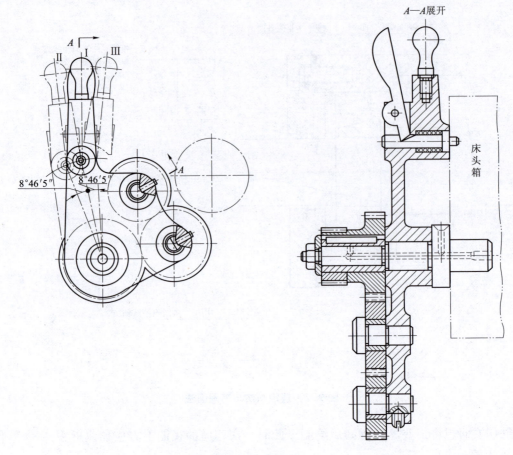

图 9-3 挂轮架

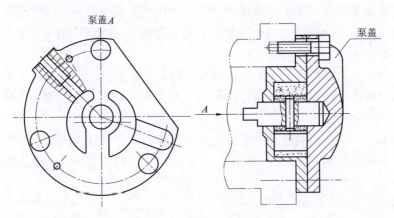

图 9-4 单独表示零件

6）展开画法

在传动机构中，为了表示传动关系及各轴的装配关系，可假想用剖切平面按传动顺序沿各轴的轴线剖开，再将其展开、摊平在一个平面上画出（平行于某一投影面），如图 9-3 挂轮架装配图。

9.2　装配图的尺寸、技术要求、序号和明细栏

9.2.1　尺寸标注

在装配图中只需标注下列几类必要的尺寸。

1）规格（性能）尺寸

表示机器、部件规格或性能的尺寸，是设计和选用部件的主要依据。它是设计该部件的原始数据。如图 9-1 所示的滑动轴承的孔径 $\phi 50H8$，它反映了该部件所支承的轴的直径大小。

2）装配关系尺寸

这类尺寸是表示装配体上相关联零件之间装配关系的尺寸。

（1）配合尺寸，是重要装配关系尺寸，是零件间有公差配合要求的尺寸。如图 9-1 所示的 $\phi 60H8/f9$；

（2）主要轴线到基准面的定位尺寸，如图 9-1 所示的 58；

（3）主要平行轴线间的距离，如图 9-1 所示的中心距 100 ± 0.3。

3）安装尺寸

部件安装在机器上，或机器安装在地基上进行连接固定所需的尺寸。如图 9-1 所示的滑动轴承底座上安装孔的直径 $2 \times \phi 24$ 及孔间距 204。

4）外形尺寸

表示机器或部件外形轮廓的大小，即总长、总宽和总高尺寸，为包装、运输、安装的需要提供依据，如图 9-1 所示的 236、90 和 142。

5）其他必要尺寸

在设计中计算出的某些重要尺寸、运动零件的极限位置尺寸、主要零件的重要结构尺寸等。

9.2.2　技术要求

除图形上已用代号表达清楚的技术要求以外，对机器（部件）在包装、运输、安装、调试、使用和保养过程中应达到的要求及注意事项等，通常注写在标题栏的上方或左边空白处。

9.2.3　序号和明细栏

为了便于看图和生产管理，对部件中每种零件和组件应编注序号，同时，在标题栏上方编制相应的明细栏。

9.2.3.1　序号编排

（1）装配图中所有的零、部件都必须编写序号，并与明细栏中的序号一致。

（2）每一种相同的零件或组件只编一个号，并且一般只注写一次。

（3）序号应注写在视图外较明显的位置上，从所注零件的轮廓内用细实线画出指引线。在指引线起始处画小黑点，另一端画出水平细实线或细实线圆，序号注写在横线上边或圆

内。序号字高比图中所注尺寸数字大一号,或大两号,也可直接注在指引线附近,这时的序号应比图上字号大两号。如所指部分很薄或是涂黑的剖面,则可用箭头代替小黑点指向该部分的轮廓线(如图 9-5(a)所示)。

(4)所画指引线不可相互交叉,不要与剖面线平行。必要时可画成一次折线(如图 9-5(b)所示)。对于一组紧固件或装配关系清楚的零件组可采用公共指引线(如图 9-5(e)所示)。

(5)序号应按顺时针或逆时针方向整齐地顺序排列,如在整个图上无法连续排列时,可只在每个水平或垂直方向上顺序排列。

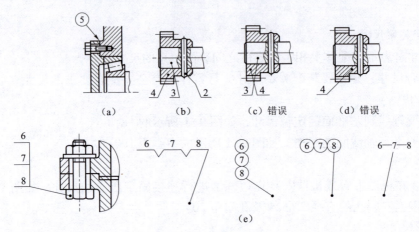

图 9-5 序号的编排

9.2.3.2 明细栏

明细栏是机器或部件中全部零件的详细目录,其内容和格式应符合国家标准。明细栏画在装配图右下角标题栏的上方,栏中的编号与装配图中的零、部件序号必须一致。填写内容应遵守下列规定:

(1)零件序号应自下而上,如位置不够时,可将明细栏顺序画在标题栏的左方;

(2)"代号"栏内,应注出每种零件的图样代号或标准件的标准代号,如 GB/T 1096—2003;

(3)"名称"栏内,注出每种零件的名称,若为标准件应注出规定标记中除标准号以外的其余内容,如螺钉 M6×18;

(4)"材料"栏内,填写制造该零件所用的材料标记,如 HT150;

(5)"备注"栏内,填写必要的附加说明或其他有关的重要内容,例如齿轮的齿数、模数等。

明细栏格式见图 2-5(b)《国家标准标题栏和明细栏》。

9.3 由零件图拼画装配图

画装配图与画零件图的方法步骤类似。画装配图之前,应先了解装配体的工作原理和零件的种类，每个零件在装配体中的功能和零件间的装配关系等，然后看懂每个零件的零件图，想象出零件的结构形状。下面以图 9-6 所示球阀为例，说明由零件图拼画装配图的方法与步骤。

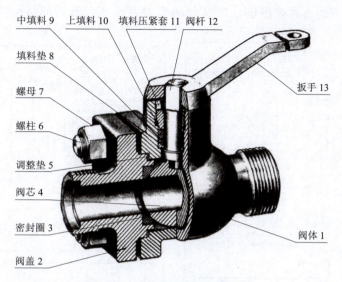

图 9-6 球阀轴测装配图

9.3.1 分析装配体

在管道系统中，球阀是用于启闭和调节流体流量的部件，它的阀芯是球形的。其装配关系是：阀体 1 和阀盖 2 均带有方形的凸缘，它们用四个双头螺柱 6 和螺母 7 连接，并用合适的调整垫 5 来调节阀芯 4 与密封圈 3 之间的松紧程度。在阀体上部有阀杆 12，阀杆下部有凸块，榫接阀芯 4 上的凹槽。为了密封，在阀体与阀杆之间加进填料垫 8、中填料 9 和上填料 10，并且旋入填料压紧套 11。

球阀的工作原理是：扳手 13 的方孔套进阀杆 12 上部的四棱柱，当扳手处于如图 9-6 所示的位置时，则阀门全部开启，管道畅通；当扳手按顺时针方向旋转 90°时，则阀门全部关闭，管道断流。如图 9-7 所示，从俯视图中，可以看到阀体 1 顶部定位凸块的形状（为 90°的扇形），该凸块用以限制扳手 13 的旋转位置。

9.3.2 确定表达方案

根据已学过的机件各种表达方法（包括装配图的一些特殊的表达方法），考虑选用何种表达方案，才能较好地反映部件的装配关系、工作原理和主要零件的结构形状。

画装配图与画零件图一样，应先确定表达方案，也就是视图选择：首先，选定部件的安放位置作为主视图的投影方向，然后，再选择其他视图。

1) 装配图的主视图选择

部件的安放位置，应与部件的工作位置相吻合，这样对于设计和指导装配都会带来方便。如球阀的工作位置情况多变，但一般是将其通路放成水平位置。当部件的工作位置确定后，接着选择部件的主视图方向。经过比较，应选用能清楚地反映主要装配关系和工作原理的那个视图作为主视图,并采取适当的剖视,比较清晰地表达各个主要零件以及零件间的相互关系。在图中所选定的球阀的主视图,就体现了上述选择主视图的原则。

2)其他视图的选择

根据确定的主视图,再选取能反映其他装配关系、外形及局部结构的视图。如图9-7所示,

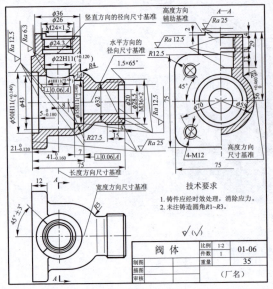
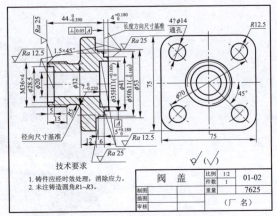
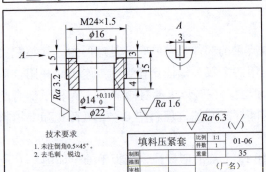
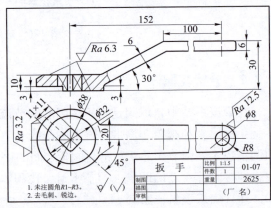
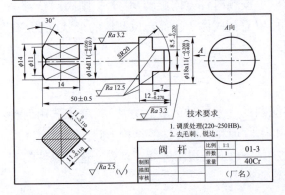
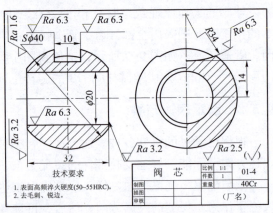

图9-7 球阀主要零件图

所示,球阀沿前后对称面剖开的主视图,虽清楚地反映了各零件间的主要装配关系和球阀工作原理,可是球阀的外形结构以及其他一些装配关系还没有表达清楚,于是选取左视图,补

充反映了它的外形结构,选取俯视图,反映扳手与定位凸块的关系。

确定了部件的视图表达方案后,根据视图表达方案以及部件的大小与复杂程度,选取适当比例,安排各视图的位置,从而选定图幅,便可着手画图。在安排各视图的位置时,要注意留有供编写零、部件序号、明细栏,以及注写尺寸和技术要求的位置。

9.3.3 画图步骤

画图时,应先画出各视图的主要轴线(装配干线)、对称中心线和作图基线(某些零件的基面或端面),由主视图开始,几个视图配合进行。画剖视图时,以装配干线为准,由内向外逐个画出各个零件,也可由外向里画,视作图方便而定。如图 9-8 表示了绘制球阀装配图视图底稿的画图步骤。底稿线完成后,需经校核,再加深,画剖面线,标注尺寸。最后,编写零、部件序号,填写明细栏,再经校核,签署姓名,完成后的球阀装配图,如图 9-9 所示。

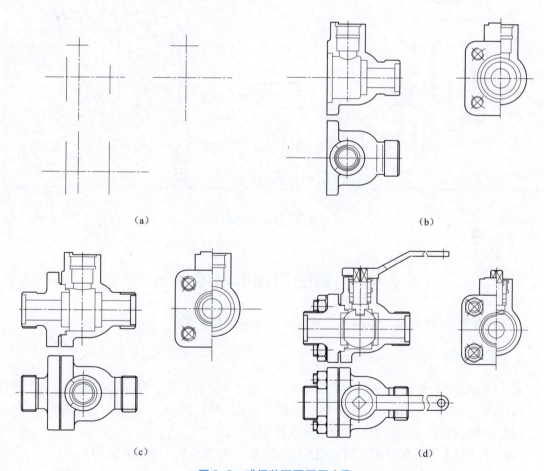

图 9-8 球阀装配图画图步骤

(a) 画出各视图的主要轴线,对称中心线及作图基线;(b) 先画主要零件阀体的轮廓线;
(c) 根据阀盖和阀体的相对位置画出三视图;(d) 画出其他零件

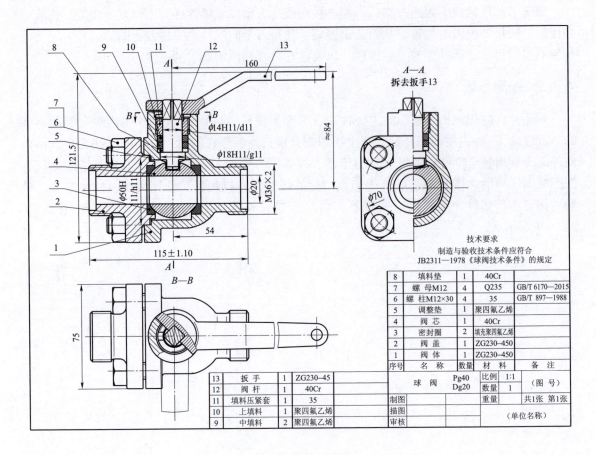

图 9-9 球阀装配图

9.4 看装配图和拆画零件图

下面以如图 9-10 所示齿轮油泵为例讲解看装配图和拆画零件图的方法和步骤。

9.4.1 看装配图

在机械的设计、装配、使用与维修以及技术交流中，都涉及看装配图。通过看装配图可以了解设计者的设计意图以及该装配体的形状与结构。了解内容：

(1) 掌握机器或部件的性能、规格和工作原理；
(2) 了解每个零件的作用，相互间的装配关系（相对位置、连接方式等）；
(3) 明白各零件的结构形状。

现以图 9-10 所示齿轮油泵为例，说明看装配图的一般方法与步骤。

1) 概括了解

从标题栏和明细栏中了解部件名称、各零件的名称、材料和数量；零件的大体装配情况。对于较复杂的部件，可以参阅有关文字资料和产品说明书了解其工作原理和结构特点。

齿轮油泵是机器润滑、供油系统中的一个主要部件，其工作原理示意图，如图 9-11 所示。

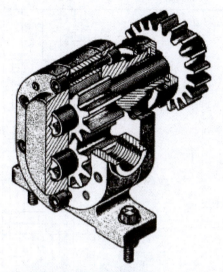

图 9-10　齿轮油泵轴测装配图

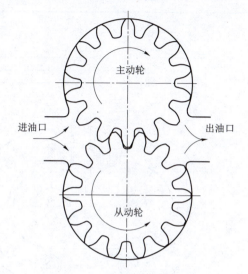

图 9-11　齿轮油泵工作原理

2）分析表达方案

从图 9-12 可以看出，装配图由四个图形组成：主、左两个基本视图、一个仰视局部视图、一个移出断面图。

主视图按油泵的实际工作位置选取，并采取了全剖视图，这个视图将该部件的结构特点和主要装配线上各零件间的装配关系大部分表现出来。

左视图采用半剖画法，将泵腔内一对齿轮啮合的结构特点反映得比较清楚，说明了部件的工作原理和进出油口的结构，与主视图配合，将泵体的结构形状表达得比较完全。

仰视局部视图表达底座的形状以及底座上安装孔的形状及分布情况。

移出断面图表达起盖螺钉的装配情况。

3）分析零件形状

以主视图为中心，结合其他视图，对照明细栏和图上编号，逐一了解各零件的形状。由于我们已熟悉了标准件和常用件的表达方法及其连接形式，因此，不难首先把它们从图上识别出来，再将剩下的为数不多的加工件，按先简单后复杂的顺序来识读，将看懂的零件逐个"分离"出去，最后，集中力量分析较复杂的零件。例如，在齿轮油泵的装配图中，首先把螺母、键、销等连接件和立即能看清的一对啮合的齿轮轴以及传动齿轮，从图形中"分离"出去，再将左端盖 1、轴套 9 和压紧螺母 10 "取走"，就只剩下比较复杂的右端盖和泵体了。再按前面讲过的看图方法，将该零件的形状看懂。看较复杂的图，可将图固定在图板上，利用丁字尺、分规、三角板等工具，对照投影进行分析，以加速看图过程。

4）归纳总结，想象整体形状

经过分析，在看懂各零件的形状后，对整个装配体尚不能形成完整的概念，必须把看懂了的各个零件按其在装配体中的位置及给定的装配连接关系，加以综合、想象，从而获得一个完整的装配体形象。

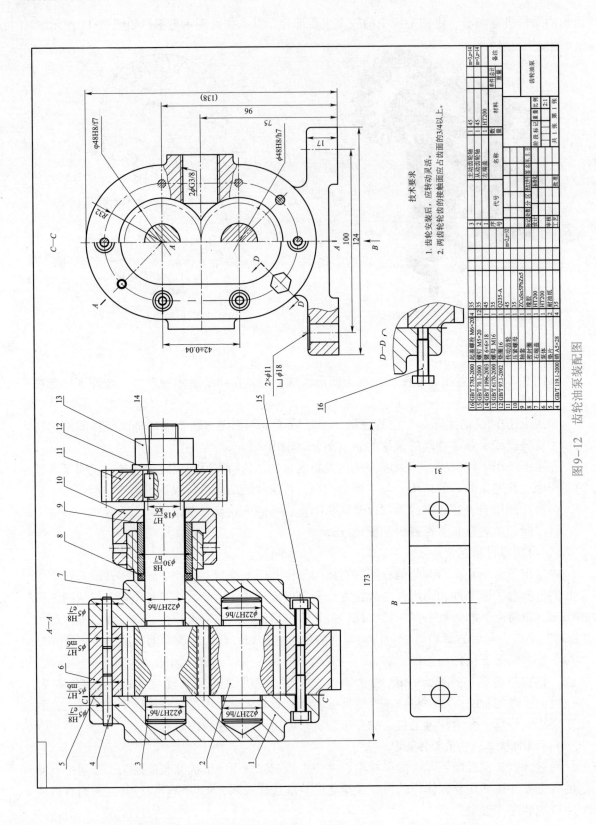

图 9-12 齿轮油泵装配图

9.4.2 由装配图拆画零件图

由装配图拆画零件图,是将装配图中的非标准零件从装配图中分离出来画成零件图的过程,要在全面看懂装配图的基础上进行。现以齿轮油泵为例,介绍拆图的一般程序和注意事项。

1) 对零件表达方案的处理

(1) 装配图上的表达方案主要是从表达装配关系、工作原理和装配体的总体情况来考虑的。因此,在拆画零件图时,应根据所拆画零件的内外形状及复杂程度来选择表达方案,而不能简单地照抄装配图中该零件的表达方案;

(2) 对于装配图中没有表达完全的零件结构,在拆画零件图时,应根据零件的功用及零件结构知识加以补充和完善,并在零件图上完整清晰地表达出来;

(3) 对于装配图中省略的工艺结构,如倒角、退刀槽等,也应根据工艺需要在零件图上表示清楚。

2) 尺寸处理

零件图上的尺寸,与装配图有关,其处理方法一般有:

(1) 抄注 装配图中已标注出的尺寸,往往是较重要的尺寸,是装配体设计的依据,自然也是零件设计的依据。在拆画零件图时,这些尺寸不能随意改动,要完全照抄。对于配合尺寸,应根据其配合代号,查出极限偏差数值,标注在零件图上;

(2) 查找 螺栓、螺母、螺钉、键、销等标准件和常用件的规格尺寸及标准代号,一般在明细栏中已列出,详细尺寸可从相关标准中查得。螺孔直径、螺孔深度、键槽、销孔等尺寸,应根据与其相结合的标准件尺寸来确定。按标准规定的倒角、圆角、退刀槽等结构的尺寸,应查阅相应的标准来确定;

(3) 计算 某些尺寸数值,应根据装配图所给定的尺寸,通过计算确定。如齿轮轮齿部分的分度圆直径、齿顶圆直径等,应根据所给的模数、齿数及有关公式来计算;

(4) 量取 在装配图上没有标注出的其他尺寸,可从装配图中用比例尺量得。量取时,一般取整数;

(5) 其他 标注尺寸时应注意,有装配关系的尺寸应相互协调。如配合部分的轴、孔,其公称尺寸应相同。其他尺寸,也应相互适应,避免在零件装配时或运动时产生矛盾或产生干涉、咬卡现象。还要注意尺寸基准的选择。

3) 对技术要求的处理

对零件的形位公差、表面粗糙度及其他技术要求,可根据装配体的实际情况及零件在装配体的使用要求,用类比法参照同类产品的有关资料以及已有的生产经验综合确定。

主动齿轮轴及泵体的表达方案、尺寸处理及技术要求的选取,如图 8-41 和图 8-43 所示。

知识拓展

常见装配结构

在绘制装配图时,应考虑装配结构的合理性,以保证机器和部件的性能,方便装拆。

1. 接触面与配合面结构的合理性

（1）两个零件在同一方向上只能有一对接触面或配合面，如图 9-13 所示；

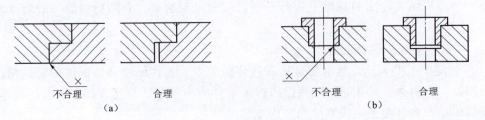

图 9-13 接触面与配合面（一）

（2）为保证轴肩端面与孔端面接触，可在轴肩处加工出退刀槽，或在孔的端面加工出倒角如图 9-14（a）、图 9-14（b）所示。

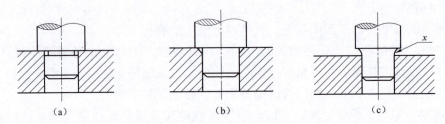

图 9-14 接触面与配合面（二）

2. 并紧、定位及锁紧装置

机器或部件在工作时，由于受到冲击或振动，一些紧固件可能产生松动现象。某些装置中需采用定位或锁紧结构，如图 9-15 所示。

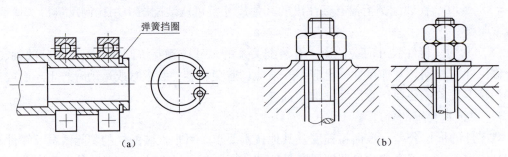

图 9-15 定位及锁紧结构
(a) 定位装置；(b) 螺纹锁紧装置

3. 便于装拆结构

对于螺栓等紧固件在部件上位置的设计，应留出"扳手空间"，如图 9-16（a）、图 9-16（b）所示；对于轴承等组件的装配，应考虑其损坏时的拆换空间，如图 9-16（c）、图 9-16（d）所示。

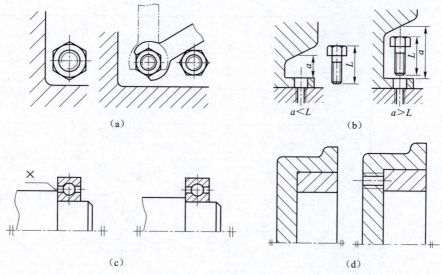

图 9-16 装拆结构

先导案例解决

图 9-1 所示滑动轴承是部件装配图，上面包含了装配图所必需的四项内容：一组的视图（主、俯、左三个视图）、必要的尺寸（性能规格尺寸、装配尺寸和安装尺寸等）、零件序号、明细栏、技术要求、标题栏等内容，通过以上内容的表达，将滑动轴承座的工作原理、装配关系、结构形状和技术要求，并指导部件的装配、检验、调试、安装、维修等内容全部表达清楚了。

生产学习经验

1. 了解装配图上必须有的内容；
2. 了解生产现场装配图的指导作用；
3. 到生产现场观察根据从装配图上拆画的零件图而加工的零件。

本章小结

了解装配图的内容，了解装配图的规定画法和简化画法，了解画装配图的方法和步骤，掌握识读装配图的方法及从装配图拆画零件图的方法，重点是从装配图拆画零件工作图的方法，这也是本章的难点，应注意掌握。

思考题

想一想：在我们的日常生活中有哪些装配图？试分析如何从装配图拆画零件工作图。

附 录

附表1 优先及常用配合中轴的极限偏差（摘自 GB/T 1800.2—2009）

单位：μm

公称尺寸/mm		公 差 带																	
大于	至	a	b	c	d	e	f	g	h				js	k	m	n	p	r	s	t	u
		11	11	*11	*9	8	*7	*6	*6	*7	*9	*11	6	*6	6	*6	*6	6	*6	6	*6
—	3	−270 −330	−140 −200	−60 −120	−20 −45	−14 −28	−6 −16	−2 −8	0 −6	0 −10	0 −25	0 −60	±3	+6 0	+8 +2	+10 +4	+12 +6	+16 +10	+20 +14	—	+24 +18
3	6	−270 −345	−140 −215	−70 −145	−30 −60	−20 −38	−10 −22	−4 −12	0 −8	0 −12	0 −30	0 −75	±4	+9 +1	+12 +4	+16 +8	+20 +12	+23 +15	+27 +19	—	+31 +23
6	10	−280 −370	−150 −240	−80 −170	−40 −76	−25 −47	−13 −28	−5 −14	0 −9	0 −15	0 −36	0 −90	±4.5	+10 +1	+15 +6	+19 +10	+24 +15	+28 +19	+32 +23	—	+37 +28
10	14	−290 −400	−150 −260	−95 −205	−50 −93	−32 −59	−16 −34	−6 −17	0 −11	0 −18	0 −43	0 −110	±5.5	+12 +1	+18 +7	+23 +12	+29 +18	+34 +23	+39 +28	—	+44 +33
14	18																				
18	24	−300 −430	−160 −290	−110 −240	−65 −117	−40 −73	−20 −41	−7 −20	0 −13	0 −21	0 −52	0 −130	±6.5	+15 +2	+21 +8	+28 +15	+35 +22	+41 +28	+48 +35	—	+54 +41
24	30																			+54 +41	+61 +48

续表

公称尺寸/mm		公差带																			
大于	至	a11	b11	c*11	d*9	e8	f*7	g*6	*6	*7	*9	*11	js6	k6	m6	n6	p*6	r6	s*6	t6	u*6
									h	h	h	h									
30	40	−310 −470	−170 −330	−120 −280	−80 −142	−50 −89	−25 −50	−9 −25	0 −16	0 −25	0 −62	0 −160	±8	+18 + 2	+25 + 9	+33 +17	+42 +26	+50 +34		+64 +48	+76 +60
40	50	−320 −480	−180 −340	−130 −290															+59 +43	+70 +54	+86 +70
50	65	−340 −530	−190 −380	−140 −330	−100 −174	−60 −106	−30 −60	−10 −29	0 −19	0 −30	0 −74	0 −190	±9.5	+21 + 2	+30 +11	+39 +20	+51 +32	+60 +41	+72 +53	+85 +66	+106 + 87
65	80	−360 −550	−200 −390	−150 −340														+62 +43	+78 +59	+94 +75	+121 +102
80	100	−380 −600	−220 −440	−170 −390	−120 −207	−72 −126	−36 −71	−12 −34	0 −22	0 −35	0 −87	0 −220	±11	+25 + 3	+35 +13	+45 +23	+59 +37	+73 +51	+93 +71	+113 + 91	+146 +124
100	120	−410 −630	−240 −460	−180 −400														+76 +54	+101 + 79	+126 +104	+166 +144

注：带"*"者为优先选用的，其他为常用的。

附表 2　优先及常用配合中孔的极限偏差（摘自 GB/T 1800.2—2009）

单位：μm

公称尺寸/mm		A	B	C	D	E	F	G	H				JS	K	M	N	P	R	S	T	U
大于	至	11	11	*11	*9	8	*8	*7	*7	*8	*9	*11	7	*7	7	7	*7	7	*7	7	*7
—	3	+330 +270	+200 +140	+120 +60	+45 +20	+28 +14	+20 +6	+12 +2	+10 0	+14 0	+25 0	+60 0	±5	0 −10	−2 −12	−4 −14	−6 −16	−10 −20	−14 −24	—	−18 −28
3	6	+345 +270	+215 +140	+145 +70	+60 +30	+38 +20	+28 +10	+16 +4	+12 0	+18 0	+30 0	+75 0	±6	+3 −9	0 −12	−4 −16	−8 −20	−11 −23	−15 −27	—	−19 −31
6	10	+370 +280	+240 +150	+170 +80	+76 +40	+47 +25	+35 +13	+20 +5	+15 0	+22 0	+36 0	+90 0	±7	+5 −10	0 −15	−4 −19	−9 −24	−13 −28	−17 −32	—	−22 −37
10	14	+400 +290	+260 +150	+205 +95	+93 +50	+59 +32	+43 +16	+24 +6	+18 0	+27 0	+43 0	+110 0	±9	+6 −12	0 −18	−5 −23	−11 −29	−16 −34	−21 −39	—	−26 −44
14	18																				
18	24	+430 +300	+290 +160	+240 +110	+117 +65	+73 +40	+53 +20	+28 +7	+21 0	+33 0	+52 0	+130 0	±10	+6 −15	0 −21	−7 −28	−14 −35	−20 −41	−27 −48	—	−33 −54
24	30																			−33 −54	−40 −61
30	40	+470 +310	+330 +170	+280 +120	+142 +80	+89 +50	+64 +25	+34 +9	+25 0	+39 0	+62 0	+160 0	±112	+7 −18	0 −25	−8 −33	−17 −42	−25 −50	−34 −59	−39 −64	−51 −76
40	50	+480 +320	+340 +180	+290 +130																−45 −70	−61 −86
50	65	+530 +340	+380 +190	+330 +140	+174 +100	+106 +60	+76 +30	+40 +10	+30 0	+46 0	+74 0	+190 0	±15	+9 −21	0 −30	−9 −39	−21 −51	−30 −60	−42 −72	−55 −85	−76 −106
65	80	+550 +360	+390 +200	+340 +150														−32 −62	−48 −78	−64 −94	−91 −121
80	100	+600 +380	+440 +220	+390 +170	+207 +120	+126 +72	+90 +36	+47 +12	+35 0	+54 0	+87 0	+220 0	±17	+10 −25	0 −35	−10 −45	−24 −59	−38 −73	−58 −93	−78 −113	−111 −146
100	120	+630 +410	+460 +240	+400 +180														−41 −76	−66 −101	−91 −126	−131 −166

注：带"*"者为优先选用的，其他为常用的。

附表3 普通螺纹直径与螺距、基本尺寸（摘自 GB/T 193—2003 和 GB/T 196—2003）

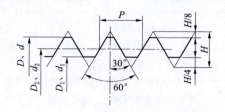

标记示例：

公称直径 20mm，螺距 2.5mm，右旋粗牙普通螺纹，其标记为：M20

公称直径 20mm，螺距 1.5mm，左旋细牙普通螺纹，公差带代号 7H，其标记为：M20×P1.5-7H-LH

单位：mm

公称直径 D、d		螺距 P		粗牙小径 D_1、d_1	公称直径 D、d		螺距 P		粗牙小径 D_1、d_1
第一系列	第二系列	粗牙	细牙		第一系列	第二系列	粗牙	细牙	
3		0.5	0.35	2.459	16		2	1.5，1	13.835
4		0.7	0.5	3.242		18	2.5	2，1.5，1	15.294
5		0.8		4.134	20				17.294
6		1	0.75	4.917		22			19.294
8		1.25	1，0.75	6.647	24		3	2，1.5，1	20.752
10		1.5	1.25，1，0.75	8.376	30		3.5	(3)，2，1.5，1	26.211
12		1.75	1.25，1	10.106	36		4	3，2，1.5	31.670
	14	2	1.5，1.25*，1	11.835		39			34.670

注：1. 应优先选用第一系列，其次是第二系列。
    2. 括号内尺寸尽可能不用。
    3. 带*号仅用于火花塞。

附表 4 梯形螺纹直径与螺距系列、基本尺寸
（摘自 GB/T 5796.2—2005、GB/T 5769.3—2005、GB/T 5769.4—2005）

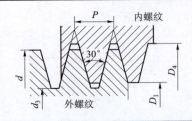

标记示例：

公称直径 28mm、螺距 5mm、中径公差带号为 7H 的单线右旋梯形螺纹，其标记为：Tr28×P5-7H

公称直径 28mm、导程 10mm、螺距 5mm，中径公差带号为 8e 的双线右旋梯形外螺纹，其标记为：Tr28×P_h10（P5）-8e-LH

单位：mm

公称直径 d		螺距 P	大径 D_4	小径		公称直径 d		螺距 P	大径 D_4	小径	
第一系列	第二系列			d_3	D_1	第一系列	第二系列			d_3	D_1
12		2	12.5	9.50	10.00	28		3	28.50	24.50	25.00
		3		8.50	9.00			5		22.50	23.00
	14	2	14.50	11.50	12.00			8	29.00	19.00	20.00
		3		10.50	11.00	30		3	30.50	26.50	27.00
16		2	16.50	13.50	14.00			6	31.00	23.00	24.00
		4		11.50	12.00			10		19.00	20.00
	18	2	18.50	15.50	16.00	32		3	32.50	28.50	29.00
		4		13.50	14.00			6	33.00	25.50	26.00
20		2	20.50	17.50	18.00			10		21.00	22.00
		4		15.50	16.00		34	3	34.50	30.50	31.00
	22	3	22.50	18.50	19.00			6	35.00	27.00	28.00
		5		16.50	17.00			10		23.00	24.00
		8	23.00	13.00	14.00	36		3	36.50	32.50	33.00
24		3	24.50	20.50	21.00			6	37.00	29.00	30.00
		5		18.50	19.00			10		25.00	26.00
		8	25.00	15.00	16.00		38	3	38.50	34.50	35.00
	26	3	26.50	22.50	23.00			7	39.00	30.00	31.00
		5		20.50	21.00			10		27.00	28.00
		8	27.00	17.00	18.00						

注：1. 应优先选用第一系列，其次是第二系列。
2. 螺纹公差带代号：外螺纹有 9c、8c、8e、7e；内螺纹有 9H、8H、7H。

附表 5　管螺纹尺寸代号及基本尺寸（摘自 GB/T 7307—2001）

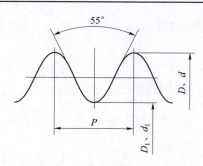

标记示例：

尺寸代号为 3/8 的 A 级右旋外螺纹的标记为：G3/8A

尺寸代号为 3/8 的 B 级左旋外螺纹的标记为：G3/8B-LH

尺寸代号为 1/2 的右旋内螺纹的标记为：G1/2

单位：mm

尺寸代号	每 25.4 mm 内的牙数 n	螺距 P	大径 D、d	小径 D_1、d_1	基准距离
1/4	19	1.337	13.157	11.445	6
3/8	19	1.337	16.662	14.950	6.4
1/2	14	1.814	20.955	18.631	8.2
3/4	14	1.814	26.441	24.117	9.5
1	11	2.039	33.249	30.291	10.4
1 1/4	11	2.039	41.910	38.952	12.7
1 1/2	11	2.039	47.803	44.845	12.7
2	11	2.039	59.614	56.656	15.9

附表6 螺　钉

开槽盘头螺钉（GB/T 67—2016）　　开槽沉头螺钉（GB/T 68—2016）　　内六角圆柱头螺钉（GB/T 70.1—2016）

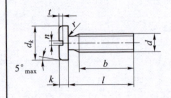
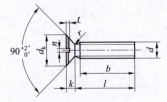
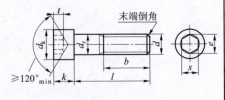

标记示例：

螺纹规格 $d=5$，公称长度 $l=20\,\mathrm{mm}$ 性能等级为4.8级、不经表面处理的A级开槽沉头螺钉，其标记为：

螺钉 GB/T 68—2000 M5×20

单位：mm

螺纹规格 d		M1.6	M2	M2.5	M3	M4	M5	M6	M8	M10
GB/T 67—2008	$d_{k\max}$	3.2	4.0	5.0	5.6	8.00	9.5	12.00	16.00	20.00
	$k_{\max}$	1.00	1.30	1.50	1.80	2.40	3.00	3.6	4.8	6.0
	$t_{\min}$	0.35	0.5	0.6	0.7	1	1.2	1.4	1.9	2.4
	$r_{\min}$	0.1	0.1	0.1	0.1	0.2	0.2	0.25	0.4	0.4
	l	2~16	2.5~20	3~25	4~30	5~40	6~50	8~60	10~80	12~80
	全螺纹时最大长度	30	30	30	30	40	40	40	40	40
GB/T 68—2000	$d_{k\max}$	3	3.8	4.7	5.5	8.4	9.3	11.3	15.8	18.5
	$k_{\max}$	1	1.2	1.5	1.65	2.7	2.7	3.3	4.65	5
	$t_{\min}$	0.32	0.4	0.5	0.6	1	1.1	1.2	1.8	2
	$r_{\min}$	0.4	0.5	0.6	0.8	1	1.3	1.5	2	2.5
	l	2.5~16	3~20	4~25	5~30	6~40	8~50	8~60	10~80	12~80
	全螺纹时最大长度	30	30	30	30	45	45	45	45	45
GB/T 70.1—2008	$d_{k\max}$（光滑头部）	3.00	3.80	4.50	5.50	7.00	8.50	10.00	13.00	16.00
	$k_{\max}$	1.60	2.00	2.50	3.00	4.00	5.00	6.00	8.00	10.00
	$t_{\min}$	0.37	1	1.1	1.3	2	2.5	3	4	5
	$r_{\min}$	0.1	0.1	0.1	0.1	0.2	0.2	0.25	0.4	0.4
	l	2.5~16	3~16	4~20	5~20	6~25	8~25	10~30	12~35	16~40
	全螺纹时最大长度	25	25	25	25	25	25	30	35	40
l 系列		2、2.5、3、4、5、6、8、10、12、(14)、16、20、25、30、35、40、45、50、(55)、60、(65) 70、(75)、80								

附表7 双头螺柱（摘自 GB/T 897~900—1988）

GB/T 897—1988（$b_m=1d$）　GB/T 898—1988（$b_m=1.25d$）　GB/T 899—1988（$b_m=1.5d$）　GB/T 900—1988（$b_m=2d$）

A型　　　　　　　　　　　　　　　　　　B型

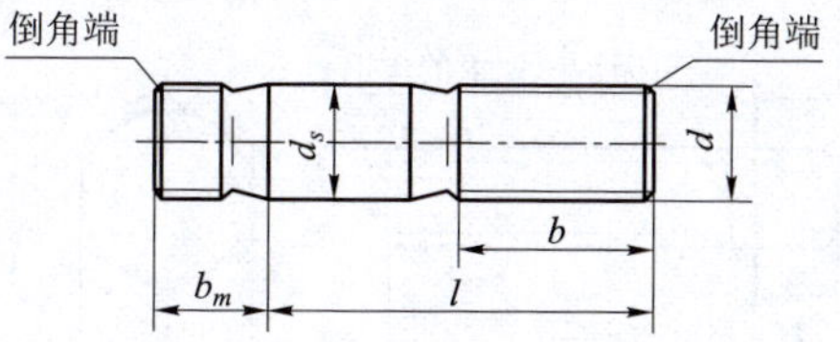

$d_{smax}=d$　　　　　　　　　　　　　　$d_s \approx$ 螺纹中径

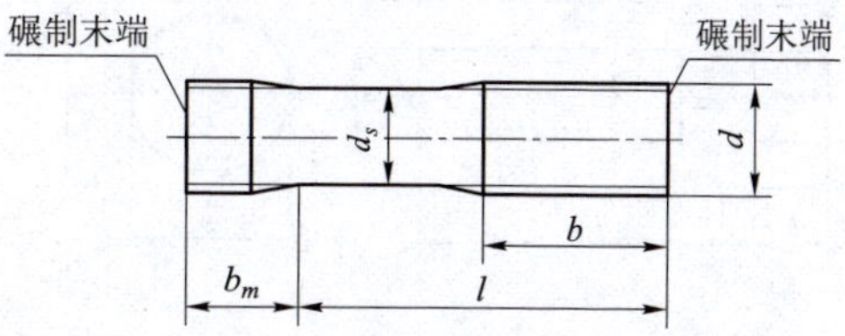

标注示例：

两端均为粗牙普通螺纹，$d=8$mm、性能等级为4.8级、不经表面处理、B型、$b_m=1.25d$ 的双头螺柱，其标记为：

螺柱 GB/T 898—1988 M8×30　若为A型，则标记为：螺柱 GB/T 898—1988 AM8×30

单位：mm

螺纹规格 d		M3	M4	M5	M6	M8	M10
b_m 公称	GB/T 897—1988	—	—	5	6	8	10
	GB/T 898—1988	—	—	6	8	10	12
	GB/T 899—1988	4.5	6	8	10	12	15
	GB/T 900—1988	6	8	10	12	16	20
l/b		16~20/6 (22)~40/12	16~(22)/8 25~40/14	16~(22)/10 25~50/16	20~(22)/10 25~30/14 (32)~(75)/18	20~(22)/12 25~30/16 (32)~90/22	25~(28)/14 30~(38)/16 40~120/26 130/32

螺纹规格 d		M12	M16	M20	(M24)	(M30)	M36
b_m 公称	GB/T 897—1988	12	16	20	24	30	36
	GB/T 898—1988	15	20	25	30	38	45
	GB/T 899—1988	18	24	30	36	45	54
	GB/T 900—1988	24	32	40	48	60	72
l/b		25~30/16 (32)~40/20 45~120/30 130~180/36	30~(38)/20 40~(55)/30 60~120/38 130~200/44	35~40/25 (45~65)/35 70~120/46 130~200/52	45~50/30 (55)~(75)/45 80~120/54 130~200/60	60~65/40 70~90/50 (95)~120/66 130~200/72 210~250/85	65~(75)/45 80~110/60 120/78 130~200/84 210~300/97

注：1. GB/T 897—1988 和 GB/T 898—1988 规定螺柱的螺纹规格 d=M5~M48，公称长度 l=16~300mm；GB/T 899—1988 和 GB/T 900—988 规定螺柱的螺纹规格 d=M2~M48，公称长度 l=12~300mm。

2. 螺柱公称长度 l（系列）：12，(14)，16，(18)，20，(22)，25，(28)，30，(32)，35，(38)，40，45，50，(55)，60，(65)，70，(75)，80，(85)，90，(95)，100~160（10 进位），280，300mm，尽可能不采用括号内的数值。

3. 材料为钢的螺纹性能等级有 4.8、5.8、6.8、8.8、10.9、12.9 级，其中 4.8 级为常用。

附表 8 六角头螺栓

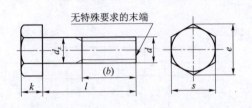
六角头螺栓 C级（GB/T 5780—2016）

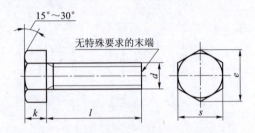
六角头螺栓 全螺纹 C级（GB/T 5781—2016）

标记示例：

螺纹规格 d=M16、公称直径 l=90mm、性能等级为 8.8 级、表面氧化、C 级的全螺纹六角螺栓，其标记为：

螺栓 GB/T 5782—2000 M16×90

单位：mm

螺纹规格 d		M5	M6	M8	M10	M12	M16	M20	M24	M30	M36	M42
e_{min}		8.63	10.9	14.2	17.6	19.9	26.2	33.0	39.6	50.9	60.8	71.3
s_{max}		8	10	13	16	18	24	30	36	46	55	65
$k_{公称}$		3.5	4	5.3	6.4	7.5	10	12.5	15	18.7	22.5	26
$b_{参考}$	$l_{公称}$≤125	16	18	22	26	30	38	46	54	66	—	—
	125<$l_{公称}$≤200	22	24	28	32	36	44	52	60	72	84	96
	$l_{公称}$>200	35	37	41	45	49	57	65	73	85	97	109
r		0.2	0.25	0.4	0.4	0.6	0.6	0.6	0.8	1	1	1
$l_{范围}$（GB/T 5780）		25~50	30~60	35~80	40~100	45~120	55~160	65~200	80~240	90~300	110~300	160~420
$l_{范围}$（GB/T 5781）		10~40	12~50	16~65	20~80	25~100	35~120	40~160	50~200	60~240	70~300	80~300
l 系列		6, 8, 10, 12, 16, 20, 25, 30, 35, 40, 45, 50, 55, 60, 65, 70, 80, 90, 100, 110, 120, 130, 140 150, 160, 180, 200, 220, 240, 260, 280, 300, 320, 340, 360, 380, 400, 420, 440, 480, 500											

附表 9 Ⅰ型六角螺母（摘自 GB/T 6170—2015）

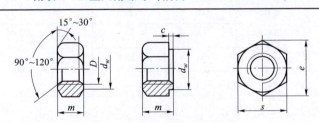

标记示例：

螺纹规格 D=M16、性能等级为 A 级的 Ⅰ型六角螺母，其标记为：螺母 GB/T 6170—2000 M16

单位：mm

螺纹规格 d	M3	M4	M5	M6	M8	M10	M12	M16	M20	M24	M30	M36
e_{min}	6.01	7.66	8.79	11.05	14.38	17.77	20.03	26.75	32.95	39.55	50.85	60.79
s_{max}	5.5	7	8	10	13	16	18	24	30	36	46	55
m_{max}	2.4	3.2	4.7	5.2	6.8	8.4	10.8	14.8	18	21.5	25.6	31
c_{max}	0.4	0.4	0.5	0.5	0.6	0.6	0.6	0.8	0.8	0.8	0.8	0.8
d_{min}	3.45	4.6	5.75	6.75	8.75	10.8	13	17.3	21.6	25.9	32.4	38.9

附表10 平垫圈-A级、平垫圈倒角型-A级

平垫圈-A级（摘自GB/T 97.1—2002）　　平垫圈倒角型-A级（摘自GB/T 97.2—2002）

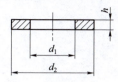
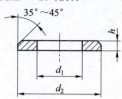

标记示例：
标准系列，公称规格8mm，由钢制造的硬度为200HV级、不经表面处理、产品等级为A级的平垫圈，其标记为：
垫圈 GB/T 97.1—2002 8

单位：mm

公称规格 （螺纹大径 d）	2	2.5	3	4	5	6	8	10	12	14	16	20	24	30
内径 d_1	2.2	2.7	3.2	4.3	5.3	6.4	8.4	10.5	13	15	17	21	25	31
外径 d_2	5	6	7	9	10	12	16	20	24	28	30	37	44	56
厚度 h	0.3	0.5	0.5	0.8	1	1.6	1.6	2	2.5	2.5	3	3	4	4

附表11 标准型弹簧垫圈（摘自GB/T 93—1987）

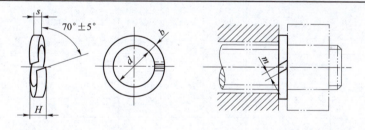

标记示例：
公称直径16mm、材料65Mn、表面氧化的标准型弹簧垫圈，其标记为：垫圈 GB/T 93—1987 16

单位：mm

规格 （螺纹大径）	2	2.5	3	4	5	6	8	10	12	16	20	24	30	36	42	48
d	2.1	2.6	3.1	4.1	5.1	6.2	8.2	10.2	12.3	16.3	20.5	24.5	30.5	36.6	42.6	49
H	1.2	1.6	2	2.4	3.2	4	5	6	7	8	10	12	13	14	16	18
S（b）	0.6	0.8	1	1.2	1.6	2	2.5	3	3.5	4	5	6	6.5	7	8	9
$m \leqslant$	0.4	0.4	0.5	0.6	0.8	1	1.2	1.5	1.7	2	2.5	3	3.2	3.5	4	4.5

附表 12 圆柱销 不淬硬钢和奥氏体不锈钢（摘自 GB/T 119.1—2000）
圆柱销 淬硬钢和马氏体不锈钢（摘自 GB/T 119.2—2000）

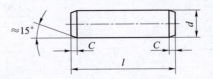

标记示例：

公称直径 $d=6$ mm、公差 m6、长度 $l=30$ mm、材料为钢、不经淬火、不经表面处理的圆柱销，其标记为：
销 GB/T 119.1—2000 6m6×30

公称直径 $d=6$ mm、长度 $l=30$ mm、材料为钢、普通淬火（A 型）、表面氧化处理的圆柱销，
其标记为：销 GB/T 119.2—2000 6×30

单位：mm

公称直径 d	3	4	5	6	8	10	12	16	20	25	30
$C\approx$	0.50	0.63	0.80	1.2	1.6	2.0	2.5	3.0	3.5	4.0	5.0

公称长度		3	4	5	6	8	10	12	16	20	25	30
	GB/T 119.1	8~30	8~40	10~50	12~60	14~80	18~95	22~140	26~180	35~200	50~200	60~200
	GB/T 119.2	8~30	10~40	12~50	14~60	18~80	22~100	26~100	40~100	50~100	—	—

l 系列	8, 10, 12, 14, 16, 18, 20, 24, 26, 28, 30, 32, 35, 40, 45, 50, 55, 60, 65, 70, 75, 80, 85, 90, 95, 100, 120, 140, 160, 180, 200

注：1. GB/T 119.1—2000 规定圆柱销的公称直径 $d=0.6$~50 mm，公称长度 $l=2$~200，公差有 m6~h8。
　　2. GB/T 119.2—2000 规定圆柱销的公称直径 $d=1$~20 mm，公称长度 $l=3$~100，公差仅有 m6。
　　3. 当圆柱销公差为 h8 时，其表面粗糙度 $Ra\leqslant 1.6 \mu m$。

附表 13 平键及键槽各部尺寸（摘自 GB/T 1095—2003、GB/T 1096—2003）

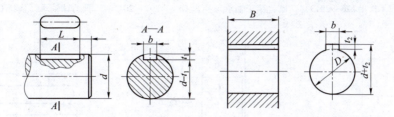

标记示例：

普通 A 型平键，$b=18\,\text{mm}$，$h=11\,\text{mm}$，$L=150\,\text{mm}$，其标记为：GB/T 1096—2003 键 $18\times11\times150$

普通 B 型平键，$b=18\,\text{mm}$，$h=11\,\text{mm}$，$L=150\,\text{mm}$，其标记为：GB/T 1096—2003 键 B$18\times11\times150$

普通 C 型平键，$b=18\,\text{mm}$，$h=11\,\text{mm}$，$L=150\,\text{mm}$，其标记为：GB/T 1096-2003 键 C$18\times11\times150$

单位：mm

轴	键		键 槽								
			宽度 b					深度			
公称直径 d	键尺寸 $b\times h$	长度 L	基本尺寸	极限偏差				轴 t_1		毂 t_2	
				松连接		正常连接		紧密连接	基本尺寸	极限偏差	基本尺寸	极限偏差
				轴 H9	毂 D10	轴 N9	毂 JS9	轴和毂 P9				
>10~12	4×4	8~45	4	+0.030 0	+0.078 +0.030	0 -0.030	±0.015	-0.012 -0.042	2.5	+0.1 0	1.8	+0.1 0
>12~17	5×5	10~56	5						3.0		2.3	
>17~22	6×6	14~70	6						3.5		2.8	
>22~30	8×7	18~90	8	+0.036 0	+0.098 +0.040	0 -0.036	±0.018	-0.015 -0.051	4.0		3.3	
>30~38	10×8	22~110	10						5.0		3.3	
>38~44	12×8	28~140	12	+0.043 0	+0.120 +0.050	0 -0.043	±0.021 5	-0.018 -0.062	5.0		3.3	
>44~50	14×9	36~160	14						5.5		3.8	
>50~58	16×10	45~180	16						6.0	+0.2 0	4.3	+0.2 0
>58~65	18×11	50~200	18						7.0		4.4	
>65~75	20×12	56~220	20						7.5		4.9	
>75~85	22×14	63~250	22	+0.052 0	+0.149 +0.065	0 -0.052	±0.026	-0.022 -0.074	9.0		5.4	
>85~95	25×14	70~280	25						9.0		5.4	
>95~110	28×16	80~320	28						10		6.4	

注：1. $(d-t_1)$ 和 $(d+t_2)$ 两组组合尺寸的极限偏差按相应的 t_1 和 t_2 以极限偏差选取，但 $(d-t_1)$ 极限偏差应取负号（-）。

2. 键宽 b 的极限偏差为 h8；键高 h 的极限偏差矩形为 h11，方形为 h8，键长 L 的极限偏差为 h14。

附表14 滚动轴承

深沟球轴承（摘自 GB/T 276—2013）　　圆锥滚子轴承（摘自 GB/T 297—2015）　　推力球轴承（摘自 GB/T 301—2015）

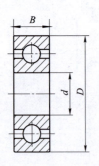　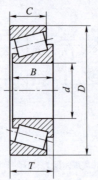　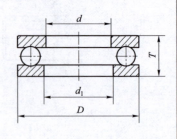

标记示例：　　　　　　　　　　　标记示例：　　　　　　　　　　　　标记示例：

滚动轴承　6210 GB/T 276—1994　　滚动轴承　30310 GB/T 297—1994　　滚动轴承　51210 GB/T 301—1995

轴承型号	尺寸/mm			轴承型号	尺寸/mm					轴承型号	尺寸/mm			
	d	D	B		d	D	B	C	T		d	D	T	d_1
尺寸系列〔(0)2〕				尺寸系列〔02〕						尺寸系列〔12〕				
6202	15	35	11	30203	17	40	12	11	13.25	51202	15	32	12	17
6203	17	40	12	30204	20	47	14	12	15.25	51203	17	35	12	19
6204	20	47	14	30205	25	52	15	13	16.25	51204	20	40	14	22
6205	25	52	15	30206	30	62	16	14	17.25	51205	25	47	15	27
6206	30	62	16	30207	35	72	17	15	18.25	51206	30	52	16	32
6207	35	72	17	30208	40	80	18	16	19.75	51207	35	62	18	37
6208	40	80	18	30209	45	85	19	16	20.75	51208	40	68	19	42
6209	45	85	19	30210	50	90	20	17	21.75	51209	45	73	20	47
6210	50	90	20	30211	55	100	21	18	22.75	51210	50	78	22	52
6211	55	100	21	30212	60	110	22	19	23.75	51211	55	90	25	57
6212	60	110	22	30213	65	120	23	20	24.75	51212	60	95	26	62
尺寸系列〔(0)3〕				尺寸系列〔03〕						尺寸系列〔13〕				
6302	15	42	13	30302	15	42	13	11	14.25	51304	20	47	18	22
6303	17	47	14	30303	17	47	14	12	15.25	51305	25	52	18	27
6304	20	52	15	30304	20	52	15	13	16.25	51306	30	60	21	32
6305	25	62	17	30305	25	62	17	15	18.25	51307	35	68	24	37
6306	30	72	19	30306	30	72	19	16	20.75	51308	40	78	26	42
6307	35	80	21	30307	35	80	21	18	22.75	51309	45	85	28	47
6308	40	90	23	30308	40	90	23	20	25.25	51310	50	95	31	52
6309	45	100	25	30309	45	100	25	22	27.25	51311	55	105	35	57
6310	50	110	27	30310	50	110	27	23	29.25	51312	60	110	35	62
6311	55	120	29	30311	55	120	29	25	31.50	51313	65	115	36	67
6312	60	130	31	30312	60	130	31	26	33.50	51314	70	125	40	72

注：圆括号中的尺寸系列代号在轴承代号中省略。

参 考 文 献

[1] 技术产品文件标准汇编（技术制图卷）[M]. 北京：中国标准出版社，2007.
[2] 技术产品文件标准汇编（机械制图卷）[M]. 北京：中国标准出版社，2007.
[3] 《机械制图》国家标准工作组. 机械制图新旧标准代换教程 [M]. 北京：中国标准出版社，2003.
[4] 金大鹰. 机械制图（机械类专业）[M]. 第2版. 北京：机械工业出版社，2011.
[5] 王冰，杨辉. 机械图样的绘制与识读 [M]. 成都：电子科技大学出版社，2011.
[6] 吕思科，周宪珠. 机械制图（机械类）[M]. 第2版. 北京：北京理工大学出版社，2007.
[7] 钱可强. 机械制图 [M]. 第2版. 北京：高等教育出版社，2008.
[8] 胡建生. 机械制图（少学时）[M]. 北京：机械工业出版社，2009.